彩图 1　水彩湿画法（一）

彩图 2　水彩湿画法（二）

彩图 3 水彩湿画法表现步骤

彩图 4　水彩干画法

彩图 5　水粉平涂法表现步骤

彩图6 水粉厚画法

彩图 7 水粉薄画法

彩图 9 彩色铅笔表现法

彩图 8 重彩表现法

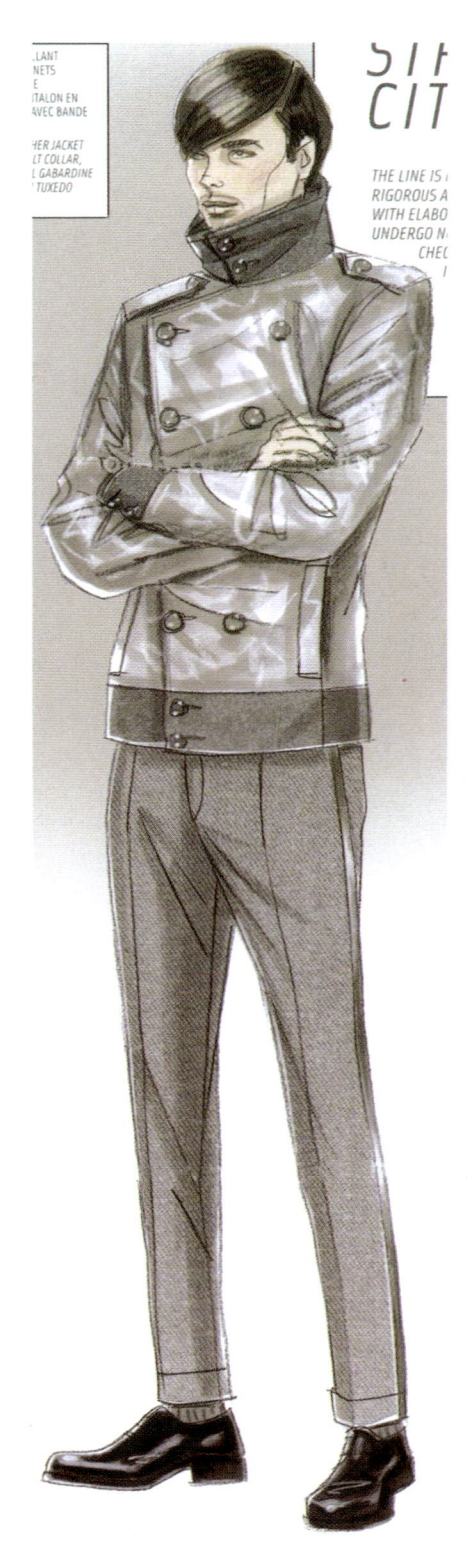

彩图 10　油画棒表现法

彩图 11　麦克笔表现法(一)

彩图 12　麦克笔表现法(二)

彩图 13 喷绘表现法

彩图 14 剪贴法

彩图 15　彩色铅笔水彩法

彩图 16　素描淡彩法

彩图 17　线描淡彩法

彩图 18　钢笔水彩法

彩图 20　丝绸织物的表现

彩图 19　油画棒水粉法

彩图 21　棉麻织物的表现

彩图 22　薄纱织物的表现

彩图 23　厚质地面料的表现（一）

彩图24 厚质地面料的表现（二）

彩图 25　编织服装的表现

彩图 26　服装图案的表现

彩图 28 夸张画法

彩图 27 装饰表现法

彩图 29　背景处理

【专家编写服装实用教材】中级版

时装画
（第4版）

刘霖 金惠 编著

中国纺织出版社

内 容 提 要

本书主要内容包括时装画概述、人体的基本知识、服装的表现、时装画表现技法、服装面料的表现和几种艺术手法，阐述了绘制时装画的多种艺术手法及各类面料、服饰配件及首饰的表现方法，同时对人体的结构及各种绘制工具、材料的性能作了详细的介绍。本书内容丰富，图文并茂，是学习时装画的极好教材。

本书可作为中等专业学校服装专业教材，亦可供从事服装设计及学习时装画的人员参考使用。

图书在版编目(CIP)数据

时装画／刘霖，金惠编著．—4 版．—北京：中国纺织出版社，2010.11

(专家编写服装实用教材：中级版)

ISBN 978-7-5064-6841-1

Ⅰ．①时… Ⅱ．①刘…②金… Ⅲ．①服装—绘画—技法(美术)—专业学校—教材 Ⅳ．①TS941.28

中国版本图书馆 CIP 数据核字(2010)第 179213 号

策划编辑：刘晓娟　责任编辑：韩雪飞　责任校对：陈　红
责任设计：何　建　责任印制：何　艳

中国纺织出版社出版发行
地址：北京东直门南大街6号　邮政编码：100027
邮购电话：010—64168110　传真：010—64168231
http://www.c-textilep.com
E-mail:faxing@c-textilep.com
三河市宏盛印务有限公司印刷　三河市永成装订厂装订
各地新华书店经销
1991年6月第1版　1996年12月第2版
2000年6月第3版　2010年10月第4版
2010年11月第17次印刷
开本：787×1092　1/16　印张：8.5　插页：12
字数：115千字　定价：28.00元

凡购本书，如有缺页、倒页、脱页，由本社图书营销中心调换

前 言

在全国教育事业迅速发展的形势下,为了适应教育体制和教学改革的需要,中国纺织出版社对原纺织工业部教育司组织编写的服装中等专业教材进行了修订。

本书前三版经历了20世纪90年代和21世纪初期两个时代的验证,内容不断更新,更加实用,受到了服装专业广大师生的好评,在社会广大读者中也产生了深远的影响,对培养服装专业人才起到了积极的作用,具有划时代的意义。

但是,随着教育体制改革的不断加强和深入,服装工业技术、工艺、设备等各方面都有了新的进步和发展。同时,服装作为时尚产业的一个分支,随着流行趋势的不断变化,服装市场的审美角度和方向发生了根本性的改变。在此情况下,该套教材不管是从内容上还是外观上都略显陈旧、亟待更新。为了满足服装专业的教学需求,我们组织专家对教材进行了修改补充。本次修订在保留原专家作者的基础上,又鼓励老作者带动新作者,将老作者的专业经验和新作者创新能力结合起来,力求使修订后的教材内容新、知识涵盖面广,更加有利于新时代学生的专业和实践能力的培养。

本套教材已经修订的包括《服装设计(第4版)》《服装构成基础(第3版)》《服装基础英语(第3版)》,其他教材正在积极修订中。希望本教材修订后能受到广大读者的欢迎,不足之处恳请批评指正。

编者

2010年9月

目 录

第一章 概述 ··· 1
第一节 时装画的历史 ·· 1
第二节 时装画的作用和意义 ·· 2
 一、时装画是服装设计构思的重要表现形式 ·· 2
 二、时装画是指导制作的依据 ·· 3
 三、时装画是服装销售的重要宣传手段 ·· 3
 四、时装画具有独立的审美价值 ·· 3
 五、时装画的种类 ·· 3
第三节 时装画的特征 ·· 7
 一、时装画具有双重性 ·· 7
 二、时装画具有明显的时代感 ·· 7
 三、时装画具有多种多样的表现手法 ··· 7
第四节 时装画的工具和材料 ·· 7
 一、纸 ··· 7
 二、笔 ··· 8
 三、颜料 ·· 8

第二章 人体的基本知识 ·· 10
第一节 人体结构 ·· 10
 一、人体骨骼 ·· 10
 二、人体肌肉 ·· 10
 三、人体比例 ·· 10
 四、男性与女性的形体差异 ·· 18
 五、老年人与儿童的形体差异 ·· 22
第二节 人体局部的画法 ·· 23
 一、眼睛的画法 ··· 23
 二、嘴的画法 ·· 25
 三、耳、鼻的画法 ··· 26

I

四、发型的画法 …………………………………………………………………… 28
　　五、不同人种的面部差异 …………………………………………………………… 29
　　六、手的画法 ……………………………………………………………………… 29
　　七、脚的画法 ……………………………………………………………………… 36
第三节　人体的基本动态 …………………………………………………………………… 39
　　一、人体的重心 …………………………………………………………………… 39
　　二、人体的透视 …………………………………………………………………… 39
　　三、时装画常用的人体姿势 ……………………………………………………… 39

第三章　服装的表现 ……………………………………………………………………… 51
第一节　服装款式的局部表现 ……………………………………………………………… 51
　　一、服装外形的画法 ……………………………………………………………… 51
　　二、领子的画法 …………………………………………………………………… 51
　　三、袖子的画法 …………………………………………………………………… 51
　　四、口袋的画法 …………………………………………………………………… 57
　　五、服装的细部画法 ……………………………………………………………… 57
第二节　服饰配件的表现 …………………………………………………………………… 64
　　一、围巾、头巾的画法 …………………………………………………………… 64
　　二、帽子的画法 …………………………………………………………………… 64
　　三、手套的画法 …………………………………………………………………… 67
　　四、袜子的画法 …………………………………………………………………… 67
　　五、包的画法 ……………………………………………………………………… 67
　　六、首饰的表现 …………………………………………………………………… 67
　　七、领带、领结、腰带、蝴蝶结的表现 ………………………………………… 67
第三节　服装款式图的表现 ………………………………………………………………… 74
　　一、比例准确 ……………………………………………………………………… 74
　　二、结构合理 ……………………………………………………………………… 74
　　三、绘制方法 ……………………………………………………………………… 74
第四节　主要服装品种的表现 ……………………………………………………………… 79
　　一、上装的画法 …………………………………………………………………… 79
　　二、裤子的画法 …………………………………………………………………… 80
　　三、裙子的画法 …………………………………………………………………… 80
第五节　在人体画稿上绘制服装的规律 …………………………………………………… 84
　　一、人体姿势的确定 ……………………………………………………………… 84

二、构图 ··· 84
　　三、绘制服装的步骤 ··· 88
　　四、人体画稿与服装画互换 ·· 88

第四章　时装画表现技法 ··· 90
第一节　各类表现技法 ·· 90
　　一、线的表现 ··· 90
　　二、黑白灰表现法 ··· 95
　　三、水彩表现法 ·· 96
　　四、水粉表现法 ·· 98
　　五、素描表现法 ·· 99
　　六、重彩表现法 ·· 99
　　七、彩色铅笔表现法 ·· 99
　　八、色粉笔、油画棒表现法 ··· 99
　　九、麦克笔表现法 ·· 102
　　十、喷绘表现法 ··· 102
　　十一、剪贴表现法 ·· 102
　　十二、擦刻法 ·· 102
第二节　综合表现技法 ··· 102

第五章　服装面料的表现 ··· 105
第一节　薄型面料的表现 ·· 105
　　一、丝绸织物 ·· 105
　　二、棉麻织物 ·· 105
　　三、薄纱织物 ·· 106
第二节　厚质地面料的表现 ··· 107
第三节　编织面料服装的表现 ·· 108
第四节　裘皮服装的表现 ·· 111
第五节　皮革服装的表现 ·· 113
第六节　服装图案的表现 ·· 114
　　一、条纹的画法 ··· 114
　　二、方格纹的画法 ·· 114
　　三、人字格纹的画法 ··· 115
　　四、圆点纹的画法 ·· 115

五、花卉纹的画法 ··· 115

第六章　时装画风格与几种艺术手法　　　118
第一节　时装画风格 ··· 118
第二节　几种时装画艺术手法 ·· 118
　　一、写实表现法 ··· 118
　　二、写意表现法 ··· 120
　　三、装饰表现法 ··· 120
　　四、省略表现法 ··· 120
　　五、夸张表现法 ··· 125
　　六、时装画的背景处理 ·· 127

第一章　概述

时装画是服装设计的第一步,是一种用来表达设计者设计意图,展现服装与人体各部位关系的绘画,旨在表现服装的款式、色彩、材质、工艺结构及风格。它是服装设计者捕捉创作灵感的有效手段,是从服装设计构思到作品完成过程中不可或缺的重要组成部分,是裁制服装的依据,是宣传时装、传播服装信息的媒介。

第一节　时装画的历史

人类社会从原始社会发展到现代社会,艺术家和传统工匠们都以不同的绘画形式记载了各个历史时期的服饰特征,这为日后的服饰研究提供了大量的珍贵资料。但时装画作为独立的画种则可追溯到17世纪中叶,当时欧洲的一些杂志上就有了时装插图,这种插图被称为时装样片,而后人则称之为时装画。这种时装样片的使用者主要是一些达官贵妇,她们选用这些时装样片,雇佣专门的裁缝来制作服装。因此,这些样片迎合了贵族时髦女子的需求,也起到了引导时装潮流的作用。

19世纪,欧洲资本主义经济飞速发展,在英法等国兴起了纺织工业革命,发动机的使用使纺纱、织布等形成大工业化生产,为服装生产提供了大量的面料,特别是发明缝纫机以后,服装生产形成了批量化和规模化。此时的时装再也不是少数贵族的专用品,它开始逐步走向大众化,走向平民。因此,时装画也随之被人们所推崇。

当时的时装画表现手法十分单一,只是一种简单的服装款式画片,直接表现穿着服装的人物效果,无论是人物造型还是服装款式都描绘得较平实。时装画的表现方式以版画为主。

20世纪初,随着众多艺术流派的兴起,如印象派、野兽派、立体派、抽象派等画派风起云涌,艺术家们在工具、材料、艺术形式等方面进行了很大的革新。这些流派的艺术构思和表现手法,为时装画家提供了许多创作灵感,使之从单一的版画形式中走了出来。时装画表现技法和风格向多样化发展,开始成为一个独立的绘画门类,成为艺术与实用设计两者兼顾的艺术形式。社会上出现了一批专门为画报和杂志画时装画的画家。从此,时装画这门新的艺术形式伴随着时装的流行向全世界传播开来。

1908年,法国女装设计师埃丽特委托艺术家伊端布绘制其所设计的作品,从而达到宣传自己的目的。这在时装画史上开创了艺术家与设计师之间合作的崭新时代。20世纪中叶是时装画的鼎盛时期,时装画进一步走向成熟、繁荣,出现了大批优秀的时装画家。如:巴比尔、马蒂、莫欧盖等,他们的画风均具有较强的装饰性,人物形象经过变形、夸张,显得更加优美、典雅,服装结构清晰,构图新颖,画面富有情调。

20世纪30年代,受超现实主义思潮影响,时装画的画风转向自然、随意、强调色彩和体积感的表现,绘画形式更为单纯。这时期的主要代表人物有埃克、威廉麦兹等。由于照相机的发明和摄影技术的不断提高,一些优秀的时装摄影作品不断出现,这使时装画艺术受到了严峻的挑战。

第二次世界大战以后,欧洲和世界经济开始复苏,又出现了一批优秀的时装画家,凯奥这位美国时装画家首先填补了"二战"时期遗留的空白。

20世纪50年代,戴格玛是这一时期的代表人物。

60年代,安东尼奥这位西班牙的时装画家以其浪漫、无拘无束、充满神韵并具有浓厚装饰风格的画风,创作出一幅幅精美绝伦的作品,成为巴黎时装画界的顶尖人物。

70年代,维拉蒙特以其粗犷的画风及独特的人物造型设计,在时装画领域里成为令人瞩目的新秀。

80年代,日本也出现了一些优秀的时装画家,如矢岛功、熊谷小次郎等。

90年代,我国服装事业蓬勃发展,优秀设计师和时装画家不断涌现。他们以其独特的艺术语言,创造着多姿多彩的时装画艺术天地。

第二节　时装画的作用和意义

时装画是展现服装外观形式美的手段之一,在服装设计、服装销售、服装宣传中经常用到。时装画是衔接时装设计师与工艺师、消费者之间的桥梁。随着我国服装行业的发展,时装画日益被社会所重视,并已成为服装设计教学中不可缺少的重要组成部分。只有熟练地掌握和运用时装画的基本理论及表现技法,才能生动准确地表现设计思想,并能不断完善构思,使设计获得成功。时装画的作用如下:

一、时装画是服装设计构思的重要表现形式

构思是服装设计过程中极其重要的一环。把构思中对服装的外观形式的各种设想,用绘画的手段表现,刻画人物动态、服装造型、面料质感和配饰等与服装整体相关的设计,有利于设计者发现及修改设计中尚不完美、尚不理想的地方,同时,也有利于设计者在初步的构思中更好地征求用户或他人的意见。

二、时装画是指导制作的依据

把设计构思的图纸变成服装,需要一个生产制作的过程,若要让生产者清楚地理解设计者的意图,必须采用图像这个直观的手段,时装画是符合这一要求的理想手段。时装画可以准确、直接地让制作者了解服装的特点,如领的大小、袖的造型、面料的色彩和质地等一系列无法用言语道清的问题,同时,也有利于选择适当的材料,进行裁制,完成设计。

三、时装画是服装销售的重要宣传手段

服装是企业的产品,要使产品广泛地占有市场,赢得顾客,必须对产品进行及时的、有效的宣传以引导时装潮流。服装的宣传形式很多,如流行预测、服装展销、服装表演,而时装画是这些宣传形式中运用最广泛的一种。

四、时装画具有独立的审美价值

时装画既然是绘画艺术的一种,自然具备绘画艺术的共同特征。它是以绘画的形式来表现服装的艺术美,但又受到服装造型结构的制约,不能像纯绘画那样随心所欲、任意挥洒,因此它又具有其独特的审美特征。时装画是以服装为主题,用优美的造型、富有情感的色彩和众多的表现形式体现强烈的现代感,给人以美的享受。

五、时装画的种类

时装画的种类繁多,根据其使用功能,可分为以下几类:

(一)用于生产的时装画

这种时装画主要以指导服装企业生产加工为目的,因此要求画风严谨,人物造型以写实为主,人体比例不宜过分夸张,服装造型和结构要准确。这种时装画除人体着装效果图外,还要求画出正、背两面款式图、裁剪图和工艺流程以及设计说明,并附上面、辅料小样。这些均要求规范化和标准化,要与服装生产企业规范化相统一(图1-1)。

(二)用于广告宣传的时装画

这类时装画主要用于报纸、杂志、橱窗、招贴等,是为时装品牌、流行预测及时装表演等活动而专门绘制的作品。它的表现风格与用于生产的时装画不同,主要强调艺术性,着重表现服装的整体效果。人物和服装造型多采用夸张、变形的手法,色彩鲜明,对比强烈,能起到对服装整体效果的渲染和烘托作用,让人感到现代时装的魅力和强烈的流行感,并以此去吸引观众、征服观众,达到广告宣传之目的(图1-2)。

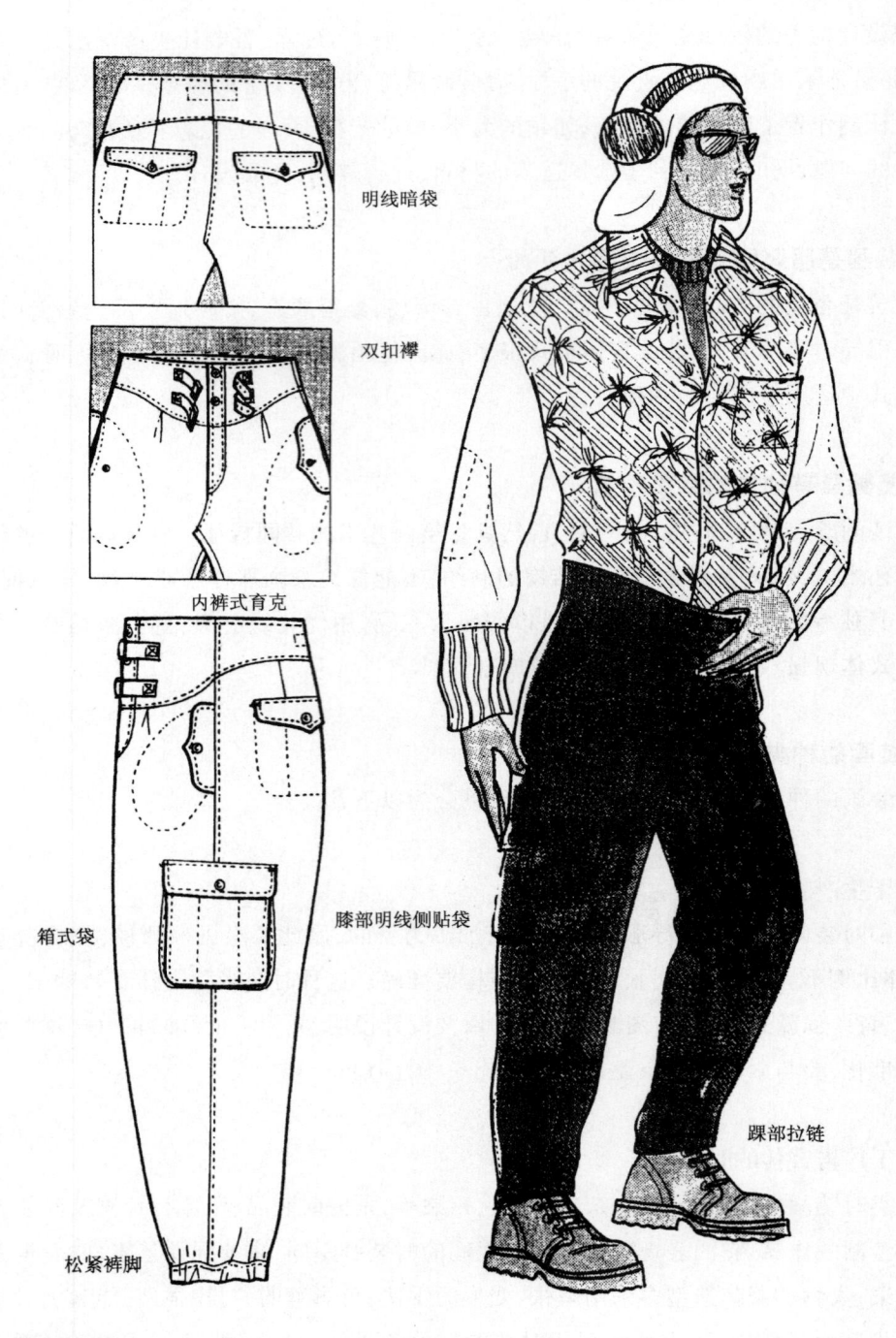

徒步旅行装

面料：套头衫——无光聚酯和黏胶纤维针织物；下装——功能性石洗棉布。

明线暗袋
双扣襻
内裤式育克
箱式袋
膝部明线侧贴袋
松紧裤脚
踝部拉链

图 1-1 侧重于工业生产的时装画

图1-2 用于广告宣传的时装画

(三)具有独立性的时装画

除了用于生产的时装画和广告宣传的时装画以外,还有一种以表现时装为主题的绘画,这类时装画有的追求一种装饰风格,有的又追求一种夸张、幽默的风格,有的追求超写实风格,有的又追求荒诞离奇的风格。这类时装画具有较高的艺术欣赏性(图1-3)。

图1-3 侧重于艺术性的时装画

第三节　时装画的特征

时装画具有双重性、时代感,并具有多样的表现手法。

一、时装画具有双重性

时装画是时装设计艺术与绘画艺术的结合,它一方面具有实用艺术的属性,另一方面又具有审美艺术属性,但不管怎样,时装画的主要表现对象还是服装,时装画中的人物形象(动态、肤色、气质)均应从属于服装的表现。

二、时装画具有明显的时代感

绘画艺术是社会文化的组成部分,受不同时代人们的审美影响,具有鲜明的时代感。时装画也是这样,比较国际上近百年来的时装画作品,可以看到不同时代的时装画各有其明显的时代特征,如20世纪50年代追求简洁、庄重,80年代追求粗犷、潇洒。

三、时装画具有多种多样的表现手法

时装画的表现手法十分丰富,它的风格可以是粗犷的、简洁的、稚拙的;也可以是庄重的、细腻的、典雅的。它的表现技法既可以是国画的、版画的;也可以是水彩的、水粉的;还可用喷、贴、剪等特殊技法。千姿百态的艺术风格,形形色色的表现技法,使时装画具有丰富的艺术情趣。

第四节　时装画的工具和材料

随着社会生产力的迅速发展,画时装画的新工具、新材料层出不穷,但大多数与其他绘画艺术所用的工具相同,这里只介绍目前常用的几种工具和材料。

一、纸

图画纸适合画速写性的、单色的时装画。不太适合画色彩,因纸面不够坚硬。使用这种纸在擦橡皮时应当小心。

白卡纸弹性强,表面光滑,纸面坚实、洁白,使用水粉颜料、麦克笔、钢笔、彩色水笔等画在上面都会有满意的效果,因此被广泛地用于绘制时装画。

水彩画纸表面粗糙,吸水性很强,铅笔、炭笔、油画棒、色粉笔、水彩、淡墨画在这种纸上都能得到很好的表现效果。

白板纸一面是白色,一面是灰色。白色的一面,表面性能类似于白卡纸,但比白卡纸面更坚实、光滑;灰色的一面,纸面松软,适合于用粗线条、大面积色块绘制或剪贴时装画。

玻璃卡纸弹性极强,表面十分光滑,纸面坚实、洁白,麦克笔画在上面会有令人满意的效果。

二、笔

铅笔是常用的工具,铅笔的笔芯有软硬之分,6B笔芯为最软、最粗;6H笔芯为最硬、最细。绘制时装画通常用中软性铅笔。

钢笔分为普通书写钢笔、书法钢笔和绘图用的针管钢笔。钢笔所表现出的线条坚硬光滑;书法钢笔表现的线条粗细有致,深浅变化较多;针管钢笔除了具有这些特点外,还能非常细腻地表现局部,使画面呈现精致的效果。

彩色铅笔常用的有八色、十二色、二十四色等几种,使用、携带方便,适合于收集资料时记录色彩及构思草图用。还有一种水性彩色铅笔,可以在绘制后,用清水渲染其画迹而达到水彩的效果。不加清水时,其画迹与一般的彩色铅笔表现效果相同。

笔刷的笔头很宽,毛质柔软,吸水性好,常用于画大面积色块来衬托主体服装。

水彩笔的笔头毛质柔软,吸水性强,一般都是圆头,根据笔头大小有多种规格。

水粉笔笔头毛质较软,含水略少于水彩笔,根据笔头大小有多种规格。

毛笔以笔毛的硬度分为硬毫、兼毫和柔毫。硬毫笔弹性好,含水量少;柔毫笔的笔毛软,含水多;兼毫介于两者之间。硬毫宜勾勒衣纹、五官;兼毫(如七紫三羊)刚柔兼具,勾、染均可;柔毫(如羊毫)则宜于渲染。

炭铅笔、炭精条、木炭条是素描常用的工具,用它们画出的线条利落、轻松,色泽较黑。炭精条、木炭条还适合表现大块面、粗线条,因木炭条、炭铅笔、炭精条的色粉容易脱落(尤其是木炭条),所以画后应及时喷上固定液。

麦克笔是绘制时装画比较理想的工具,具有使用方便、快捷、容易掌握、表现力强的优点。表现出的色彩既明快又沉着,富有装饰性,重叠后色彩层次丰富,适合使用在各种不同质地的纸张上,且其效果各有不同,也可以直接画在纺织品上。

三、颜料

水粉颜料也称之为广告色、宣传色。它是绘制时装画最常用的颜料,具有较强的覆盖力,表现力强,容易改动,但颜色干后明度会发生变化,使用时应注意。

水彩颜料是绘制时装画常用的颜料,透明度好,色彩明快,但覆盖性能差。

丙烯颜料可以用水或油作为调合剂。用水作调合剂时,具有水粉、水彩颜料的特点;用油作调合剂时,具有油画颜料的特点。这种颜料因颜色的粘固性好,不易改动,所以初学者不易掌握。

绘制时装画还会用到刀片、尺子、画板、夹子等。如果用剪贴手法表现时装画,还需要胶水、剪刀、碎布、图片、竹笔、镊子等材料和工具。

总之，只有在反复的练习中才能熟练地掌握时装画的材料和工具，并获得满意效果。

■ **思考与练习**

1. 什么是时装画？它有哪些特征？
2. 学习时装画的意义有哪些？
3. 你准备怎样学习时装画？

第二章　人体的基本知识

第一节　人体结构

　　人是大自然的精灵。人体是大自然中最完美、最富有变化的形体,其内部结构十分复杂。人体由206块骨头、500余块肌肉、数万公里长的血管以及若干个组织器官组成。研究人体是一门极其深奥的学问。根据专业特点和要求,画时装画时无需对人体作过多的研究,只需了解和掌握对服装造型有影响的骨骼、肌肉及人体运动规律即可。

一、人体骨骼

　　人体的骨骼是人体内部最坚固的结构。正常成人由206块不同形状的骨头构成,骨连接机构将全身各块骨头连接成骨骼,构成人体的支架。

　　人体骨骼可以分为颅骨、躯干骨、上肢骨、下肢骨四大部分,其中主要有:额骨、肩胛骨、肋骨、肱骨、腰椎骨、股骨、胫骨、腓骨等(图2-1)。

二、人体肌肉

　　人体除了骨骼以外,还有500余块肌肉。肌肉附着在骨骼上,构成绵延起伏的优美曲线,形成绝妙的形体。

　　人体肌肉可分为头部肌、躯干肌、上肢肌、下肢肌四部分,其中主要有:三角肌、胸大肌、腹直肌、臀大肌、股直肌、斜方肌、背阔肌等(图2-2)。

三、人体比例

(一)人体的全身比例

　　"8头高"人体被认为是视觉艺术作品中最理想、最完美的人体比例,如《大卫》、《维纳斯》、《掷铁饼者》等作品中的人体比例都是"8头高"比例。另外,借"8头高"的比例分别了解人的基本形体,还便于记忆,便于表现。因此,初学时装画的人,应从8头高的成年人全身比例入手,学习人体比例(图2-3、图2-4)。

　　8头高人体比例:

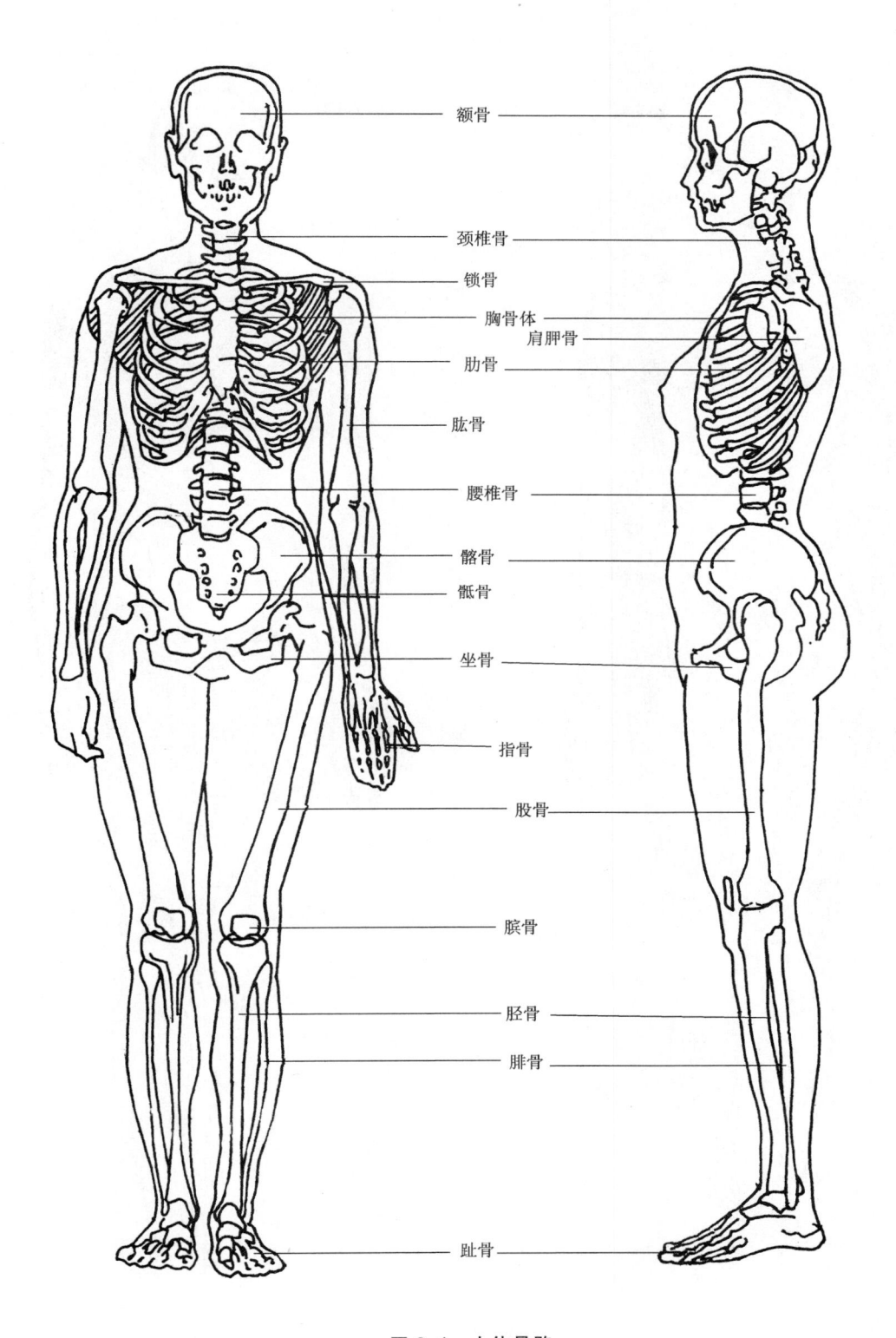

图 2-1 人体骨骼

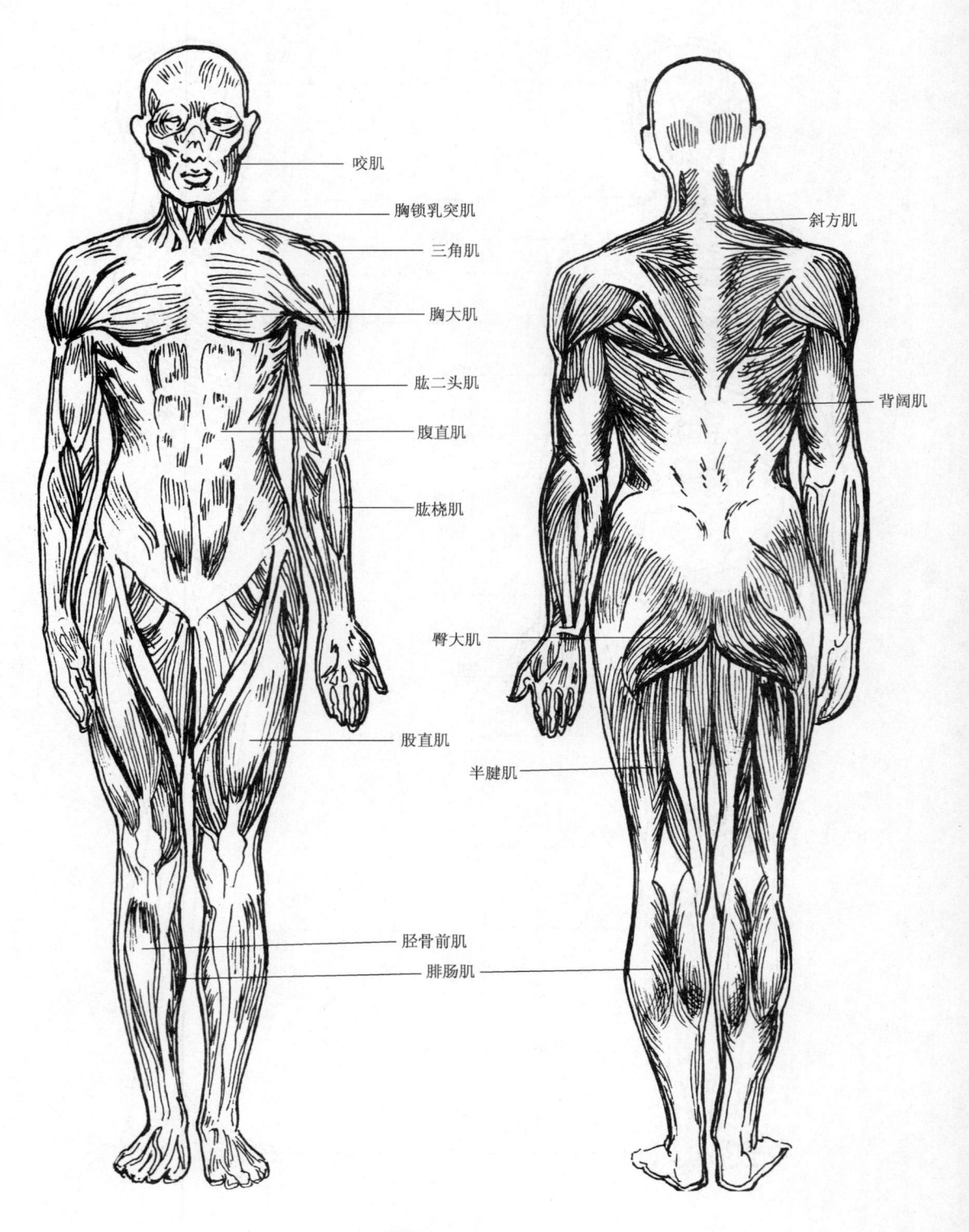

图 2-2 人体肌肉

第二章 人体的基本知识 13

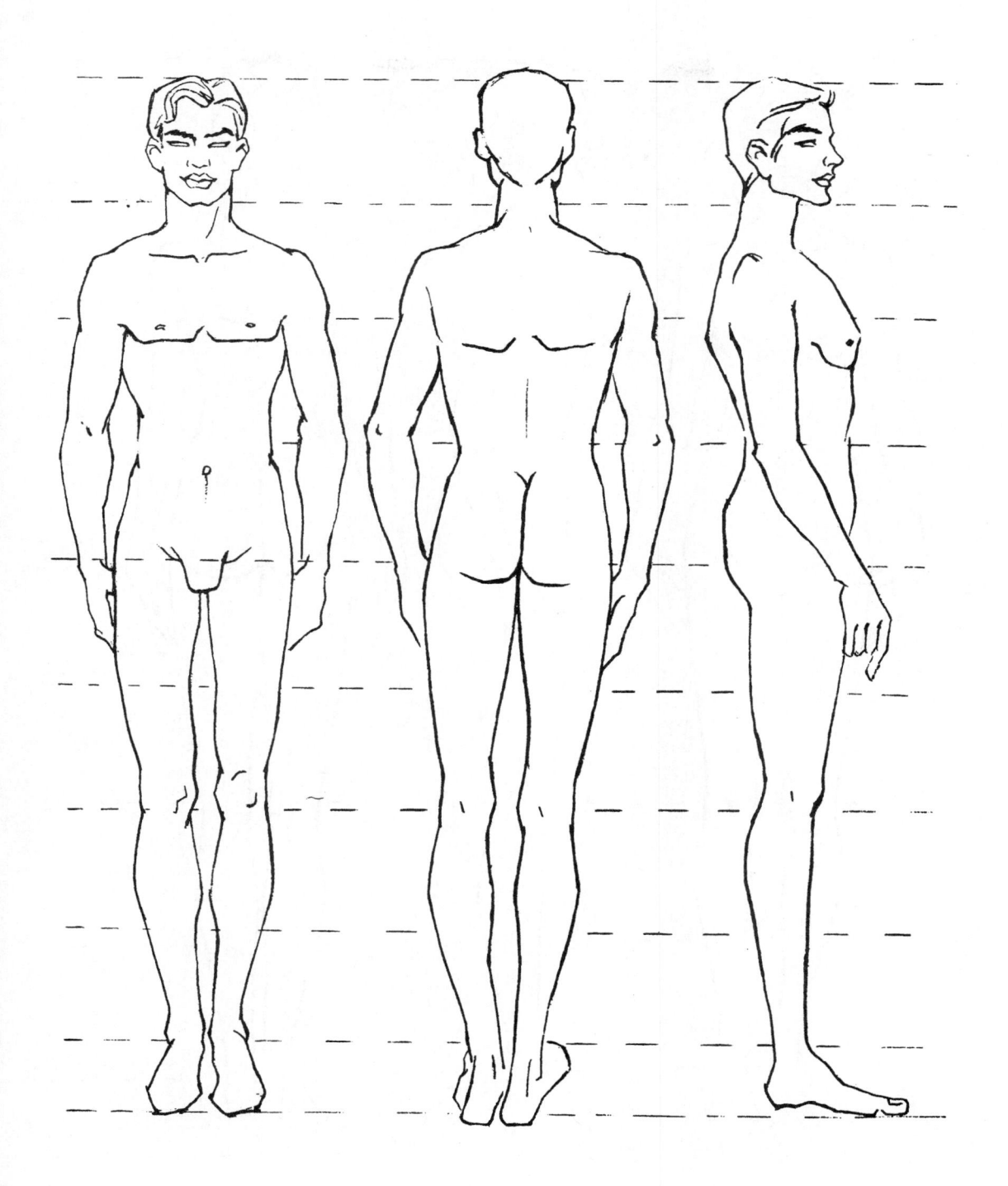

图 2-3 男人体全身比例

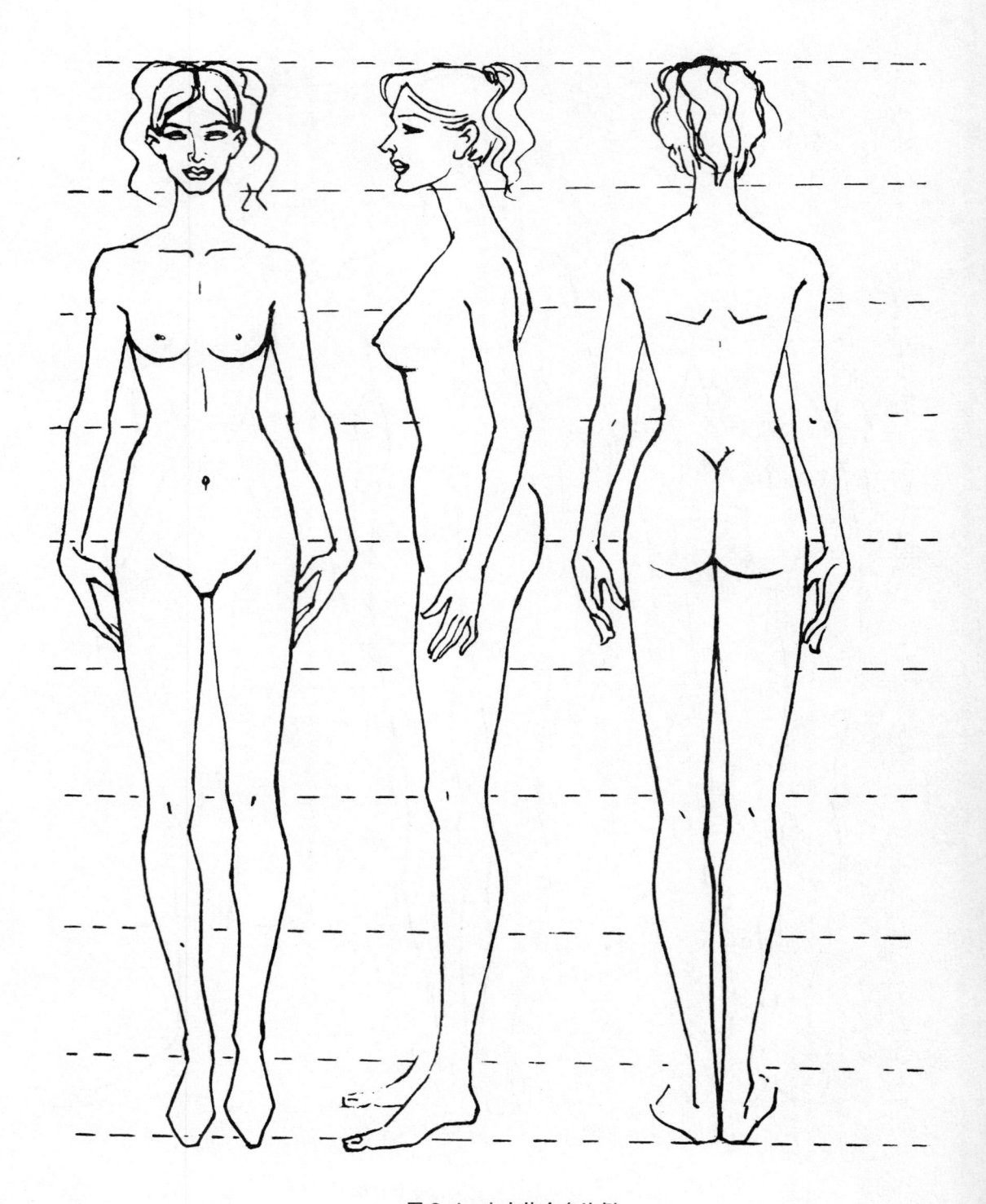

图 2-4　女人体全身比例

第1头高：自头顶至下颌底；
第2头高：自下颌底至乳点以上；
第3头高：自乳点至腰部；
第4头高：自腰部至耻骨联合；
第5头高：自耻骨联合至大腿中部；
第6头高：自大腿中部至膝盖；
第7头高：自膝盖至小腿中部；
第8头高：自小腿中部至足跟(地面)。

男性肩宽等于2头宽，女性肩宽小于2头宽。男性腰宽大于1头长，女性腰宽等于1头宽。男性臀宽小于1.5头宽，女性臀宽等于1.5头宽。

上肢和手的比例：

上肢分上臂、下臂和手，上肢总长为3头长，其中上臂为$1\frac{1}{3}$头长，下臂为1头长，手为$\frac{2}{3}$头长。手分为指、掌两部分。见图2-5。

下肢和脚的比例：

下肢由大腿、小腿和足三部分组成，其中大腿为$2\frac{1}{3}$头长，小腿至足跟为2头长。足又分为趾、掌两部分，全长为1头长。见图2-6。

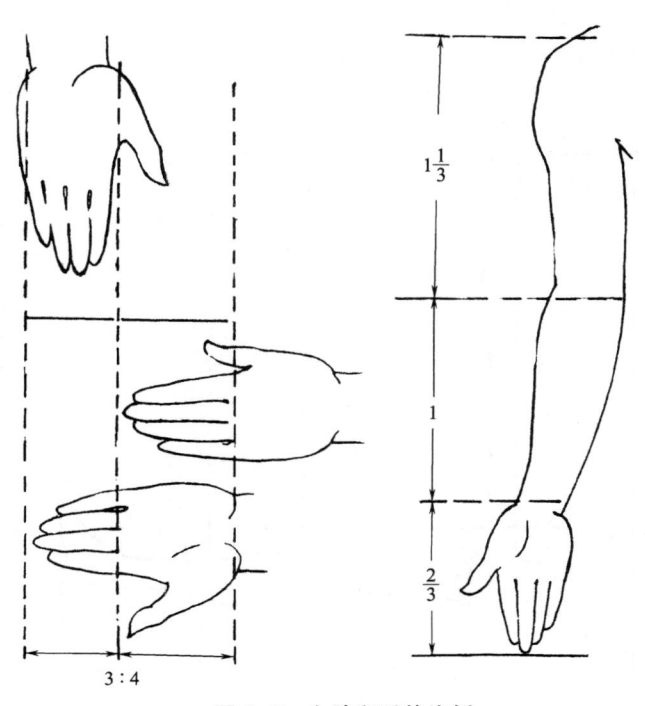

图2-5　上肢和手的比例　　　　　　　图2-6　下肢和脚的比例

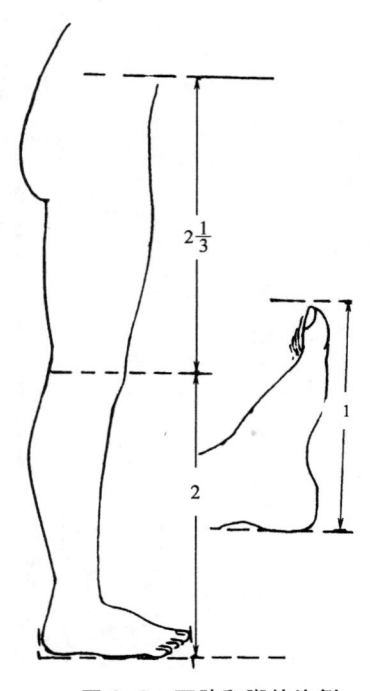

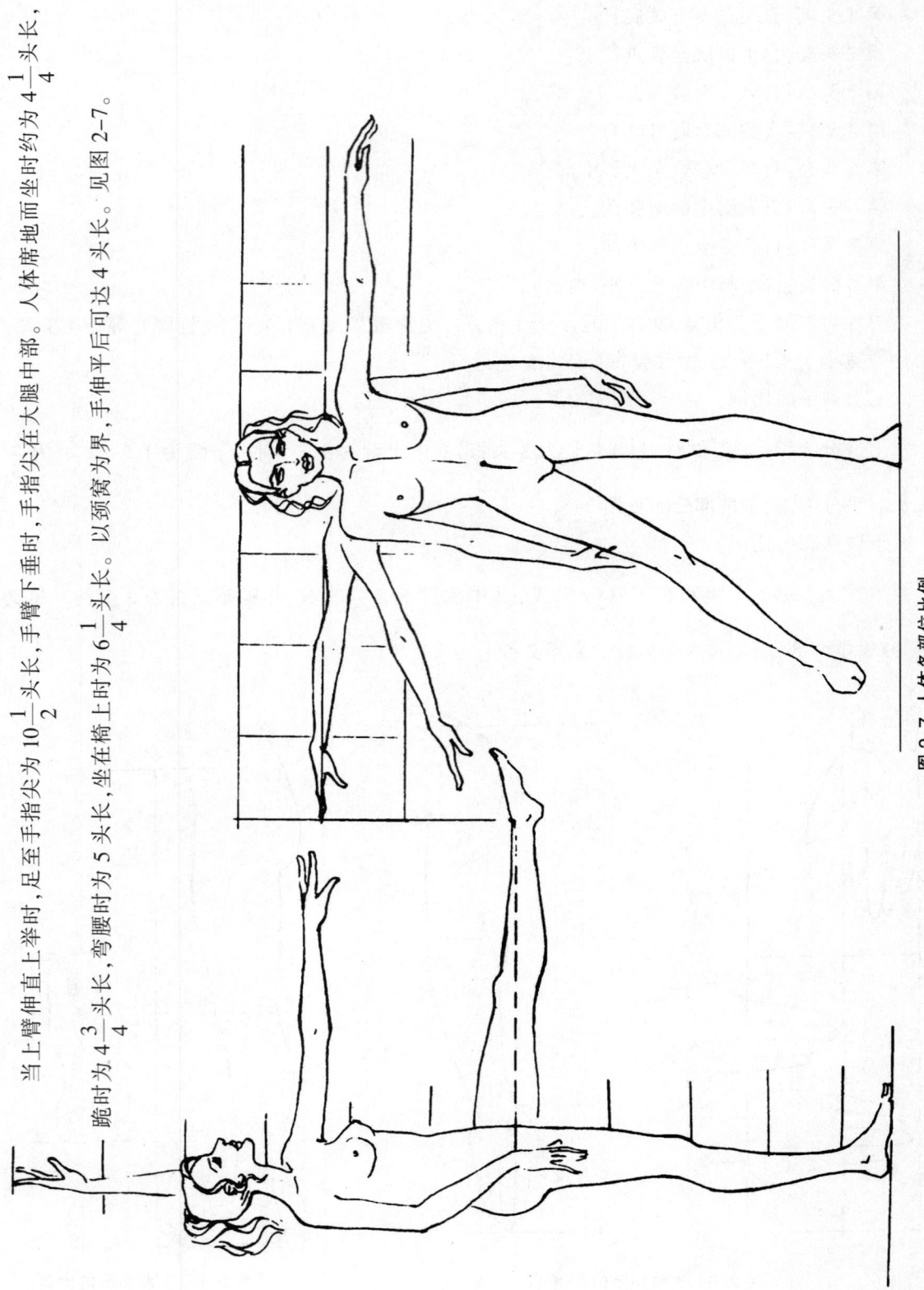

当上臂伸直上举时，足至手指尖为 $10\frac{1}{2}$ 头长，手臂下垂时，手指尖在大腿中部。人体席地而坐时约为 $4\frac{1}{4}$ 头长，跪时为 $4\frac{3}{4}$ 头长，弯腰时为 5 头长，坐在椅上时为 $6\frac{1}{4}$ 头长。以颈窝为界，手伸平后达 4 头长。见图 2-7。

图 2-7 人体各部位比例

由于表现服装的需要以及人们审美观的变化,在时装画的创作中,成年人全身比例有时会被夸张为 9 头高、10 头高甚至 12 头高(图 2-8)。

9头高　　　　　　　　　10头高

图 2-8　9 头高、10 头高人体全身比例

不同年龄的人,全身比例也有所不同。一般来讲,年龄越小,头部在全身所占比例越大。1岁为4头高,4岁为5头高,8岁为6头高,12岁为7头高,14岁为7.5头高。儿童在四五岁之前,男女性别特征还未显示出来,可用同一感觉去描画。到七八岁时,男女特征开始出现,但体形大致相同。到十一二岁时,男女特征明显,体形也发生了变化,虽有些接近成人,但身体各部位的曲线还处在成长期,因此,人物体形动作要表现出"大孩子"的感觉。在体形上,10岁以下的儿童要画得稍胖一些,10岁以上的儿童要画得较高一些。服装效果图中儿童的年龄表现,除身高外,明显的标志在头部。与成人相反,儿童的头部应画得大而圆,头部表情和动态要画得活泼可爱。见图2-9。

(二)头部比例

时装画不必像肖像画那样细腻地追求具体人物头部的个性特征,只需掌握五官的基本比例和位置,并把它们概括、简洁地表现出来。头部的表现应与服装的整体风格相协调,切勿喧宾夺主。

关于头部的比例,在我国的传统画论中有"三停五眼"之说,所谓"三停",即发际到眉间为一停,眉间到鼻底为一停,鼻底到颔底为一停。所谓"五眼",即当头部平视从正面观察时,在两耳之间有五个眼睛的宽度,鼻宽约为一个眼睛长,眼梢至左右耳际各为一个眼长,加上两眼的本身即为"五眼"。嘴在鼻底至颔部的$\frac{1}{3}$处。口宽等于两眼瞳孔的距离。耳上端与眉平,下端与鼻底平。同时要注意因头部的动态变化而使五官产生的透视变化。见图2-10。

不同年龄的人,其头部比例也会有所不同。年龄越小,脑颅在头部所占的比例越大(图2-11)。

四、男性与女性的形体差异

男女形体差异主要在骨骼上。男性骨骼粗壮、魁梧,四肢及各部位的肌肉发达,躯干部上宽下窄,呈倒三角形;女性则正好相反,骨骼纤细、柔美,胸部丰满,臀部圆润,腰部较细,呈S型。身高方面,男性较女性高5~10cm;体重方面,男性较女性略重5~10kg。画时装画时,要强调男性的阳刚之美和女性的阴柔之美。其具体差别主要表现在以下几个部位:

(一)面部

男性:外轮廓方正明晰,皮肤较女性黑、厚。眉毛粗直而浓密,眼神深沉。嘴唇宽厚,线条分明,颔宽而有棱角,并有胡须。颈部粗壮,有喉结。

女性:外轮廓多为蛋形,外形娟秀,皮肤细腻、白嫩。眉细而弯,眼睛大而清澈。嘴唇圆浑、丰润,颔窄而尖,颈部修长。见图2-12。

第二章 人体的基本知识　19

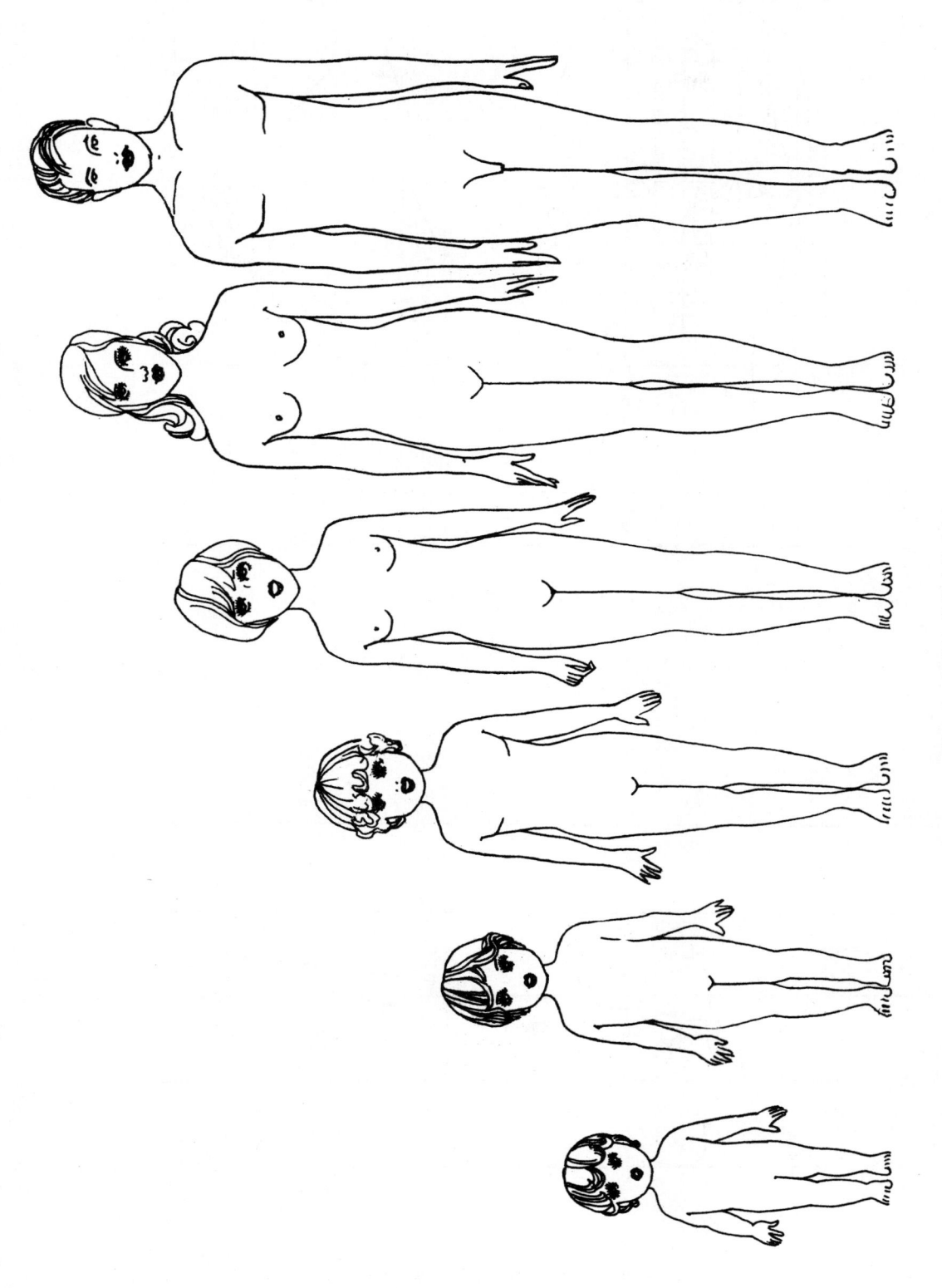

图 2-9　不同年龄的人体比例

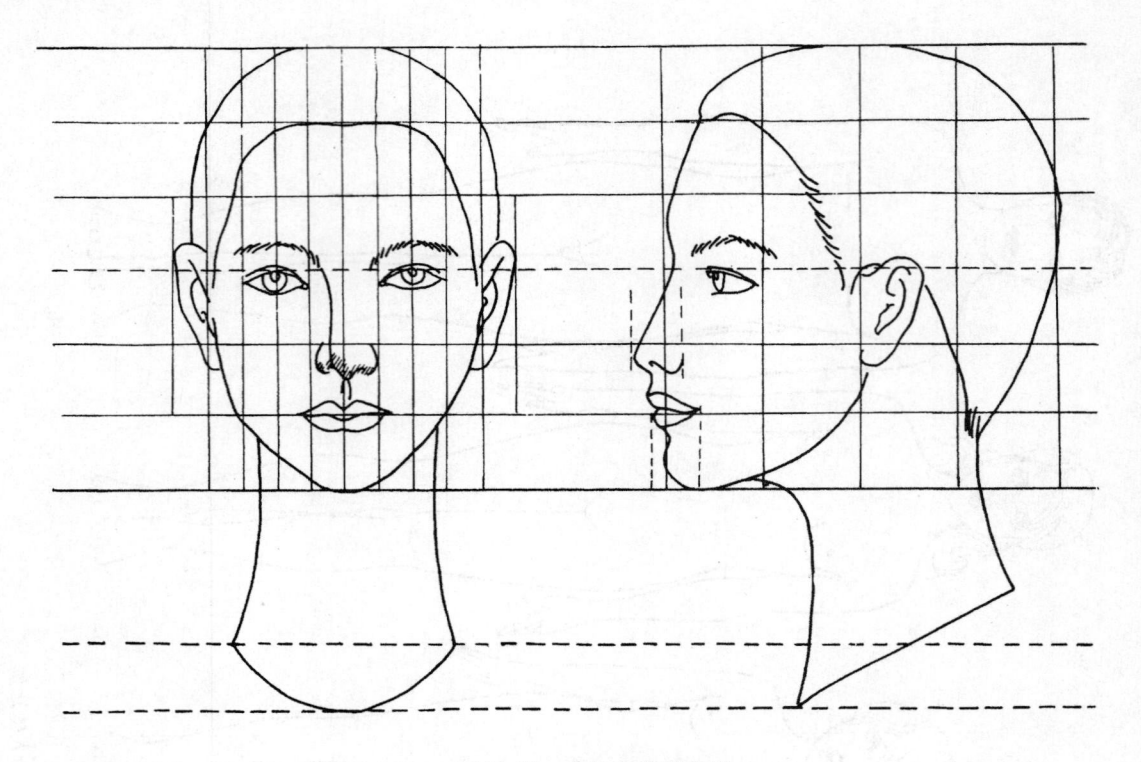

图 2-10　成年人头部比例

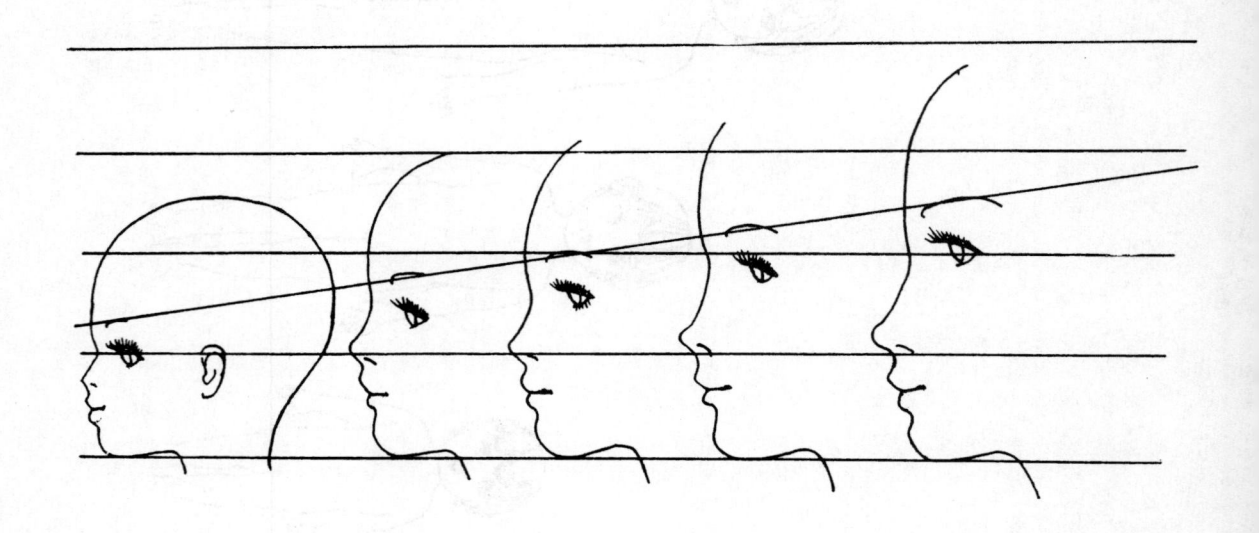

图 2-11　不同年龄人的五官所占头部比例

图 2-12 男、女头部差异

(二)肩部

男性:一般肩阔而平,肩头略前倾,整个肩膀俯视呈弓形,肩部前中央表面呈双曲面状。

女性:一般较男性肩狭而斜,肩头前倾度较大,肩膀的弓形及肩部前中央的双曲面状均较男性显著。

(三)胸背部

男性:整个胸部呈球面状,背部肩胛骨微微隆起。

女性:乳峰隆起,胸部呈圆锥状,丰满圆润,背部肩胛骨突起较男性显著。

(四)腰部

男性:腰节较长,腰部凹陷明显,侧腰呈双曲面状。

女性:腰节较短,腰围较男性纤细,腰部凹陷大于男性,侧腰呈双曲面状更为显著。

(五)臀部

男性:臀部窄且小于肩宽,后臀外凸较明显,呈一定的球面状,臀腰围差值显著,一般在14~

20cm 之内。

女性：臀宽且大于肩宽，后臀外凸更为明显，也呈一定的球面状，臀腰围比较男性更为显著，一般在 20~26cm 之内。

除此以外，男性的手筋络起伏明显，肌肉发达，女性的手浑圆纤细，富有弹性；男性的脚结实，骨节、肌肉清晰，女性的脚丰满圆顺，骨节较隐蔽。见图 2-13。

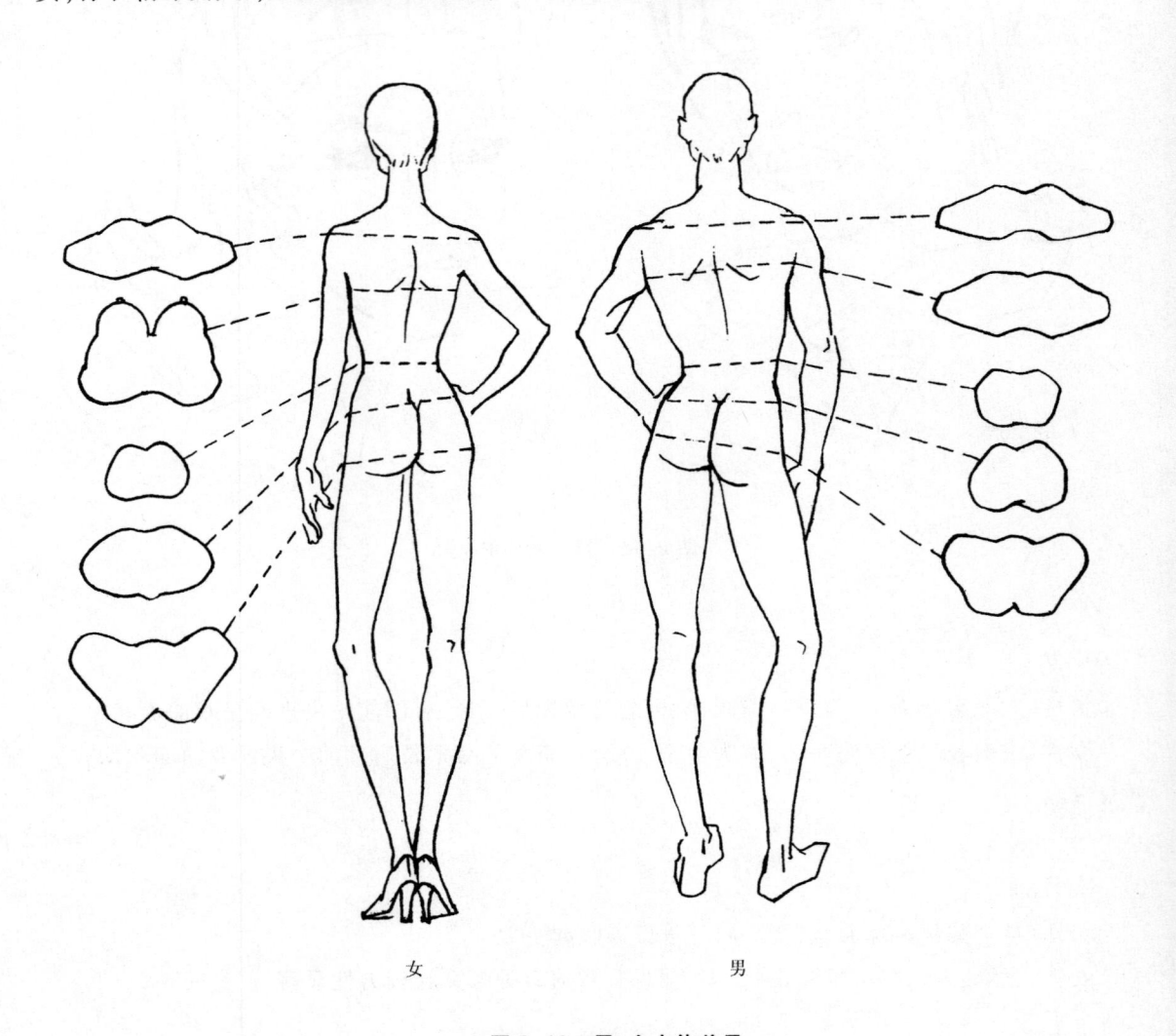

女　　　　　男

图 2-13　男、女人体差异

五、老年人与儿童的形体差异

老年人的体态特征是背部呈微弓形，各部分肌肉松弛下垂，胸部较青年人明显平坦，腰胸之差也明显减小，背部肩胛骨隆起更为显著，脊椎曲度增大，驼背体形较为常见。

儿童体形的特征主要是腹部浑圆突腆，四肢较短，肩部和胸部都较窄，背部平直，略向后倾。

第二节 人体局部的画法

时装画人体局部主要表现为眼、嘴、耳、鼻、发型、手、脚等。

一、眼睛的画法

眼睛是人最能表达情感的器官,眼睛是心灵的窗口,眼睛的一切变化都表达了人的情感。把眼睛画好可使时装画情意盎然,富有魅力。要画好眼睛,首先要正确掌握眼睛的比例和位置,然后才能把各种眼睛的神韵表现出来。描绘眼睛的步骤如图2-14所示。

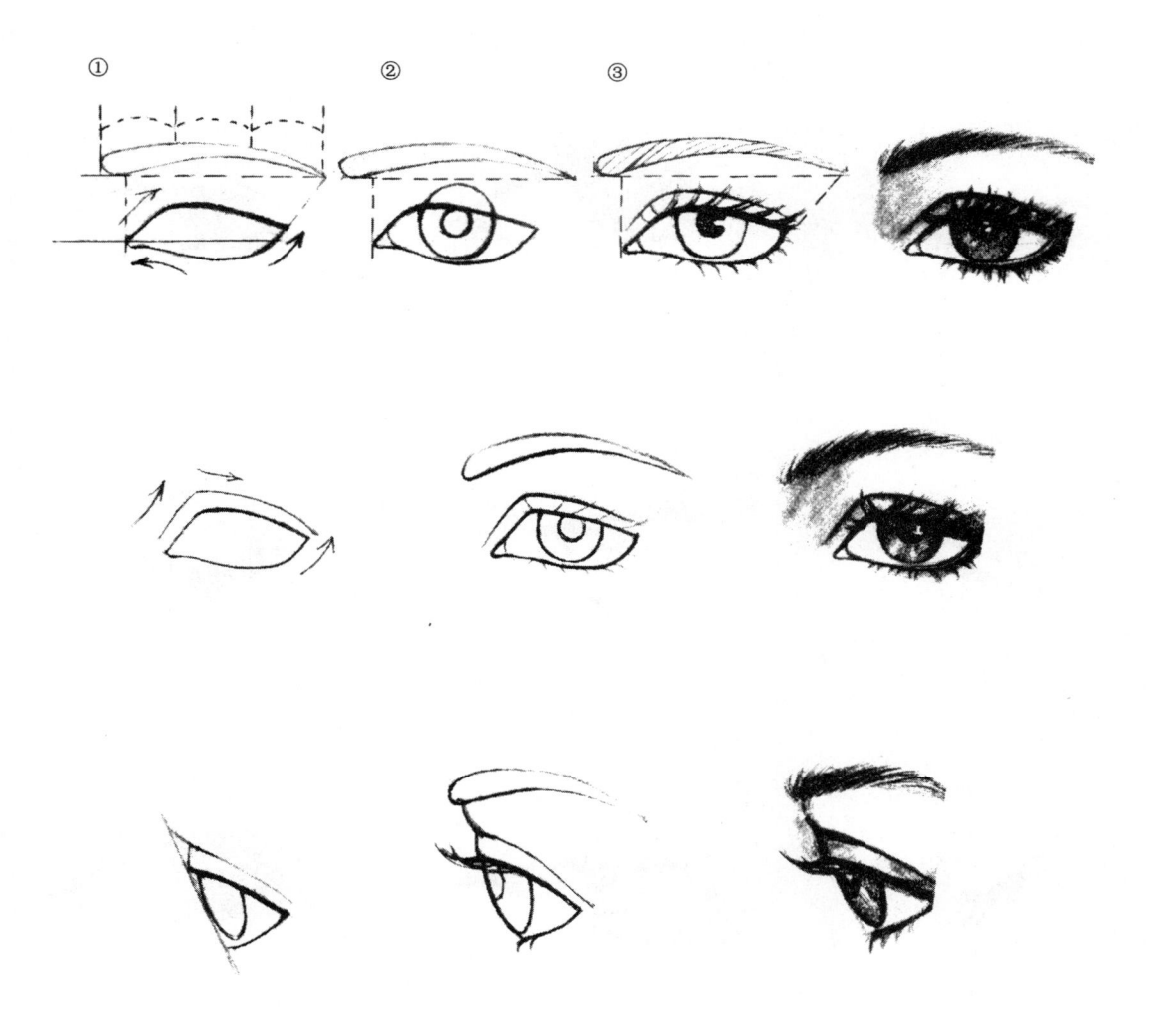

图2-14 眼睛的画法

（1）首先，画出眉毛轮廓线，注意斜角的变化，然后在眉下的适当位置画一个类似橄榄球形的眼眶。

（2）在眼眶的稍偏上方，画出两个同心圆，内圆为瞳孔，加黑，留出 2~3 个反光点。

（3）加深眼睑线，画出眼影，使其有深度感。

随着头部的运动，眼睛的形状会产生透视变化（图 2-15）。

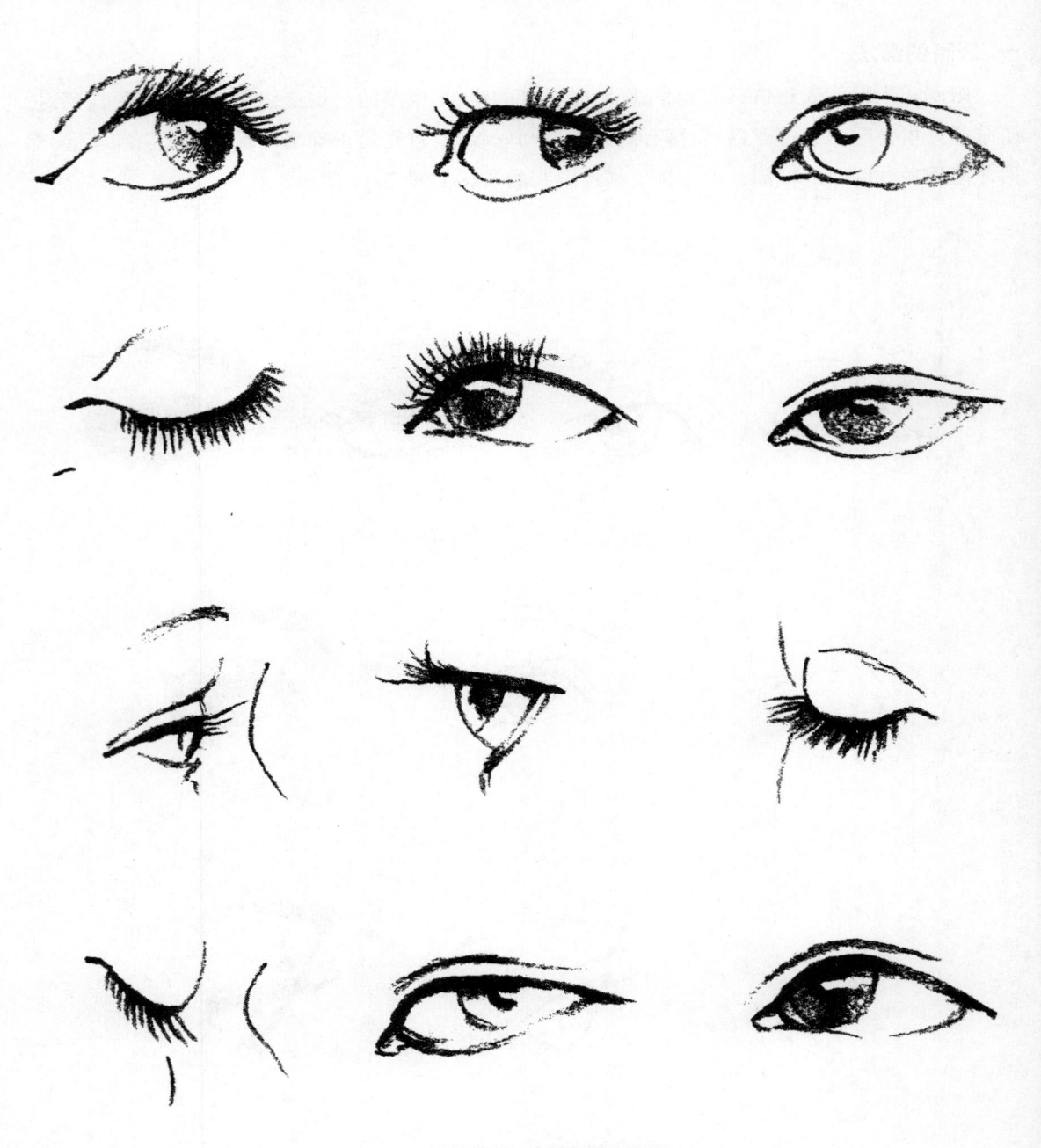

图 2-15　各种透视的眼睛

二、嘴的画法

女性对嘴的修饰十分重视,无论对色还是对形状都很讲究。在时装画中,各种表情的嘴能增加画面的感染力(图 2-16)。

唇富有魅力和表情,唇厚而线条柔和能表现热情温柔,唇薄而尖锐能表现理智。画嘴唇时可让嘴角略向上,以表现出轻盈的笑。千万不可将嘴角画成向下斜,形成悲伤状。

画嘴必须注意以下几个方面:

(1)嘴角之凹痕,需加深处理,使表现效果更显著。

(2)上、下唇之间的线可画得粗一些,以表现唇的立体感。

(3)一般下唇比上唇厚。

图 2-16 嘴的画法

(4)女性的嘴不宜画得过宽,但上、下唇应较男性丰厚。

随着头部的运动,嘴会产生透视变化(图2-17)。

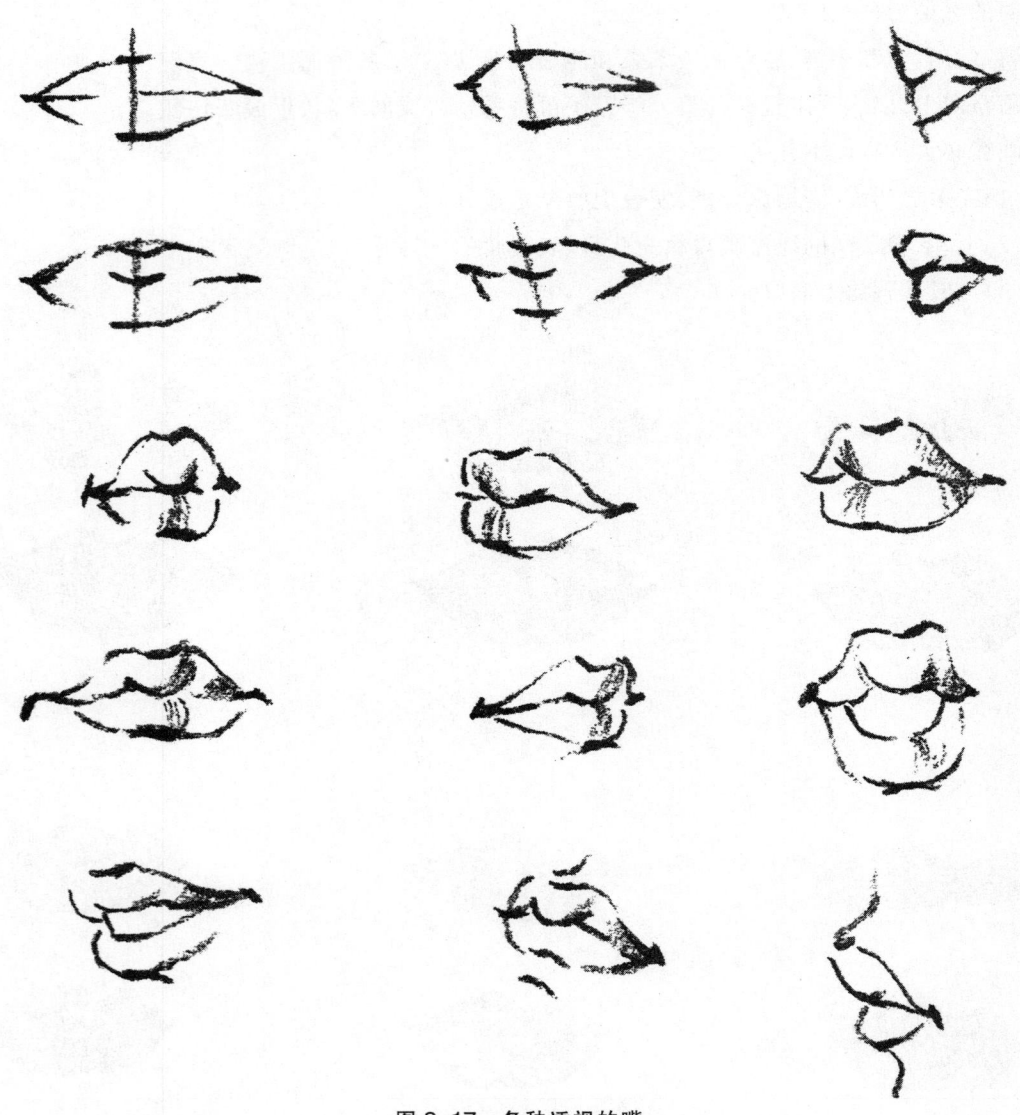

图 2-17 各种透视的嘴

三、耳、鼻的画法

鼻子是面部最突出的部位,要画直,注意画出它的立体感,并表现出透视变化。鼻、耳对于人的表情没有多大影响。耳常被头发所覆盖,最容易被人们忽视,但稍不留意就会破坏整个画面。

画鼻和耳要注意它们的外形和它们在头部的位置,以及随头部运动产生的透视变化。见图2-18~图2-20。

图 2-18 鼻子的画法

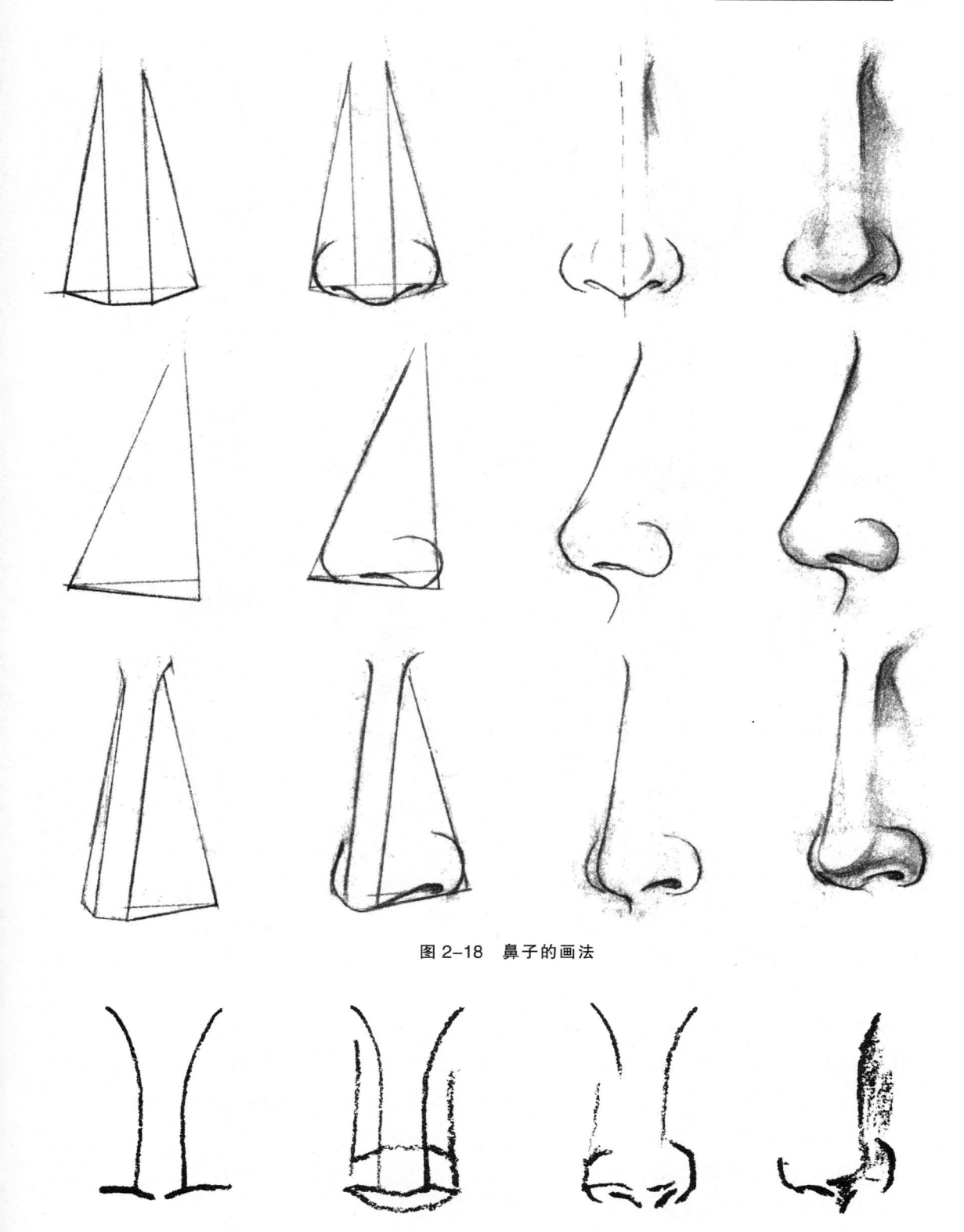

图 2-19

图 2-19　各种透视的鼻子

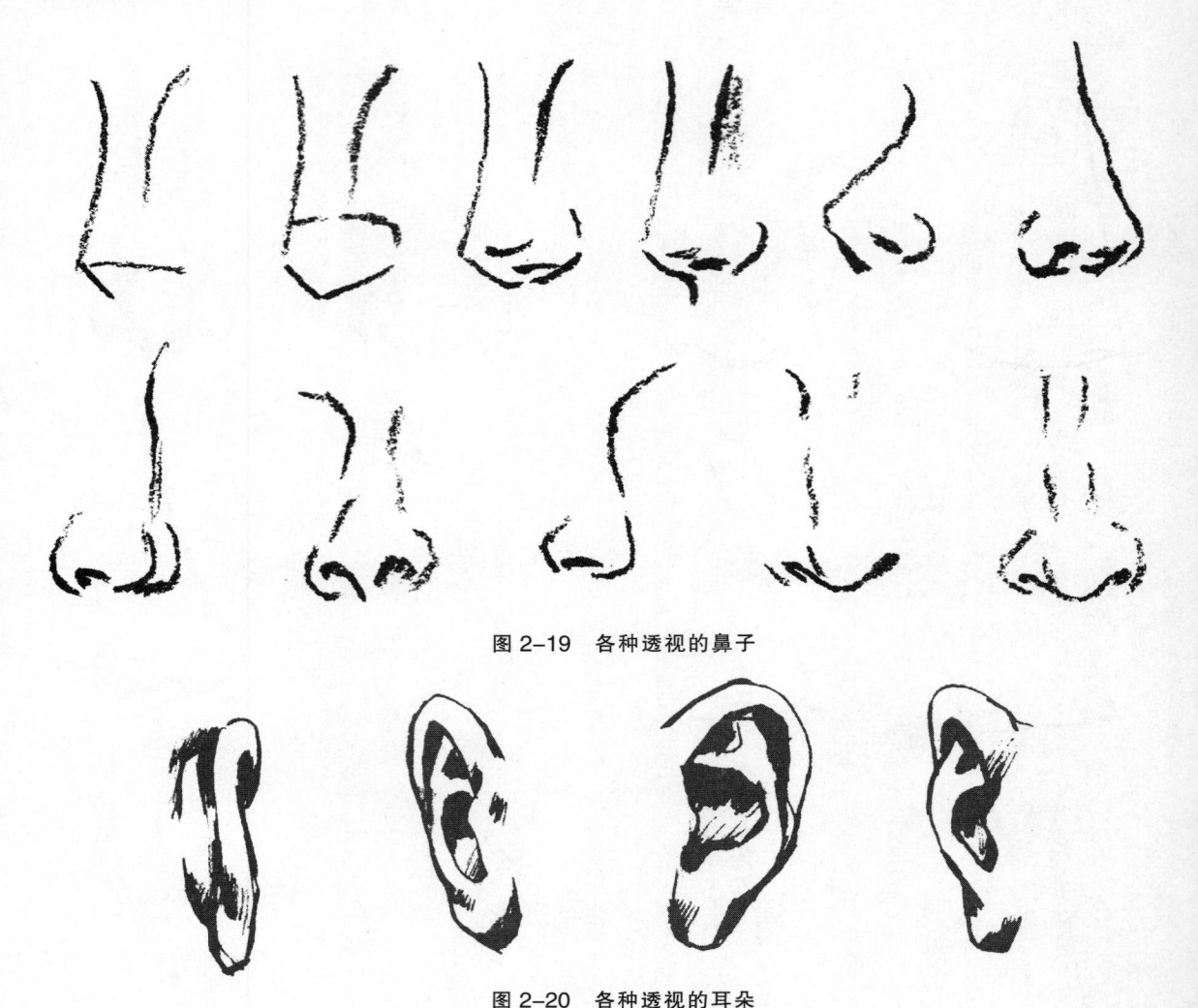

图 2-20　各种透视的耳朵

四、发型的画法

　　秀丽的头发是身体健康的表现,使人感到生机勃勃。人们自古以来就注重对头发的修饰。头发处在惹人注目的位置,它的形状、色彩无不影响着人的整个面貌,对于头发的描绘自然成为时装画的一个重要内容。

　　画头发时要先分析其外形特征和结构特征,看准发丝的走向,有选择地进行组织,并根据头发软硬曲直,用线条表现头发的厚度与弹性。它与头部和服装相比,总的感觉是轻松的,因此用笔不宜太拘谨,在整体发型中,有时不妨画几绺自然飘荡的秀发,以增添服装的生动感。

　　画头发的步骤(图 2-21):

　　(1)画出头发的外轮廓。

　　(2)画出头发的结构特征。

　　(3)画出头发更多的细节。

图 2-21　头发画法

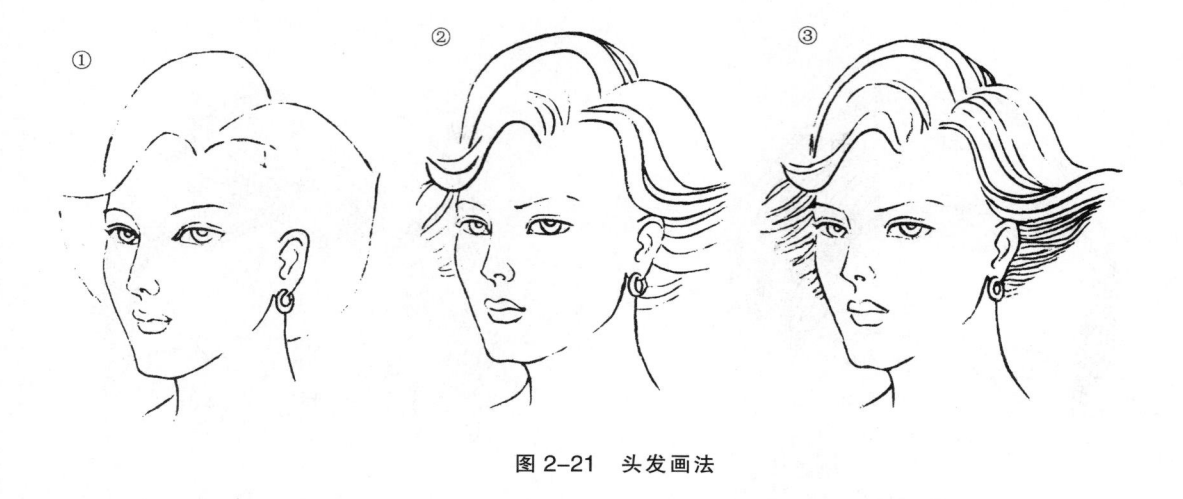

各种男、女发型范例见图 2-22~图 2-25。

五、不同人种的面部差异

全世界人种可根据皮肤、毛发、眼睛等外形特征划分,主要有黄色人种、白色人种、黑色人种和棕色人种。不同的人种由于遗传因素、地理条件和生活习惯等差异形成了不同的外貌特征(图2-26)。

黄色人种:皮肤黄,眼珠黑,头发黑而直,面部轮廓比较柔和,眉毛和眼的距离较白色人种远。

白色人种:皮肤白,眼珠呈蓝灰色,头发黄而稍弯曲,面部轮廓分明、线条坚硬,眉毛与眼睛距离很近,眼睛凹陷,鼻子高而直,嘴唇薄。

黑色和棕色人种:皮肤黑,多为黑眼睛,头发呈黑色或棕色并且卷曲,前额凸起,鼻子扁平宽大,嘴唇肥厚,面部轮廓圆润。

了解不同人种的面部差异,有利于表现不同人种。

六、手的画法

一双会劳动的手是人类区别于动物的重要标志。手能表达出丰富细腻的情感:友善、热情、愤怒、期待、不满、虔诚等。手的姿态变化万千,是人体中最难把握的部位。

由于手部关节多,灵活多变,描绘难度较大,所以要多观察、写生,反复练习。画女性的手时,一般手指要画得长一些,手掌画得短一些,使手指产生纤细、修长、柔美的感觉。女性的手圆润、匀称,描绘时要注意腕部的变化,要画出优雅的弧线。画男性的手时,应表现得粗壮有力、方正厚实。其腕部较粗,手指骨节也较大,指尖较方,手形多表现为随意、自然的状态,同时还要注意刚中带柔,直中含曲。

手是人的"第二张脸",有时为了表现服装的口袋,可将手画成插入袋内。可以画成用手提起裙子,显示裙摆。为了表示服装的外在性格,可用优雅的手势来衬托服装的美,如在表现

图 2-22　男、女发型范例

第二章 人体的基本知识 31

图 2-23 女发型范例(一)

图 2-24 女发型范例(二)

第二章 人体的基本知识 33

图 2-25 女发型范例(三)

图 2-26　不同人种的面部差异

一套造型感很强的礼服时，手的造型、位置都需要严格设计，以使服装获得考究而含蓄的效果。见图 2-27、图 2-28。

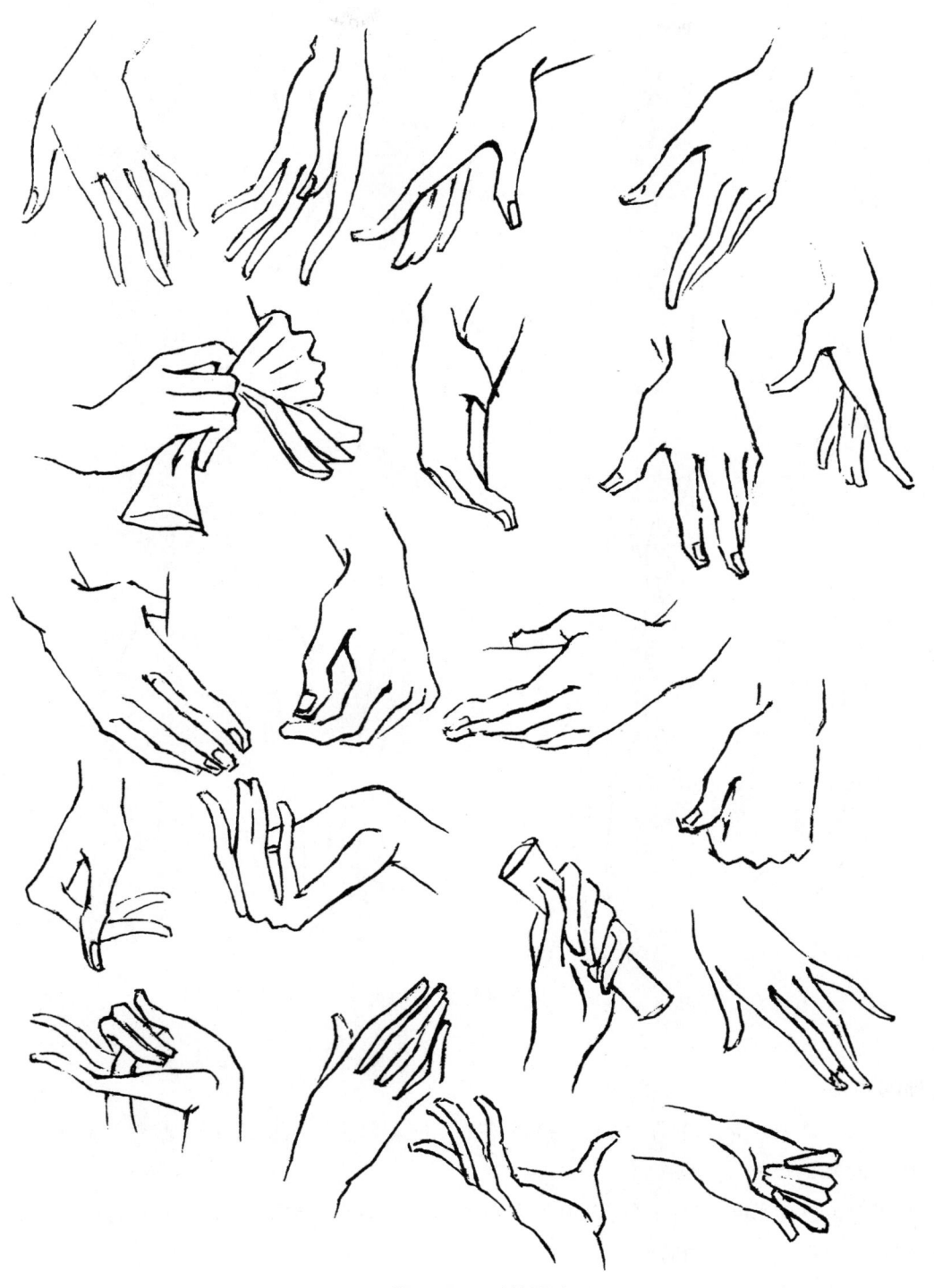

图 2-27 手的画法

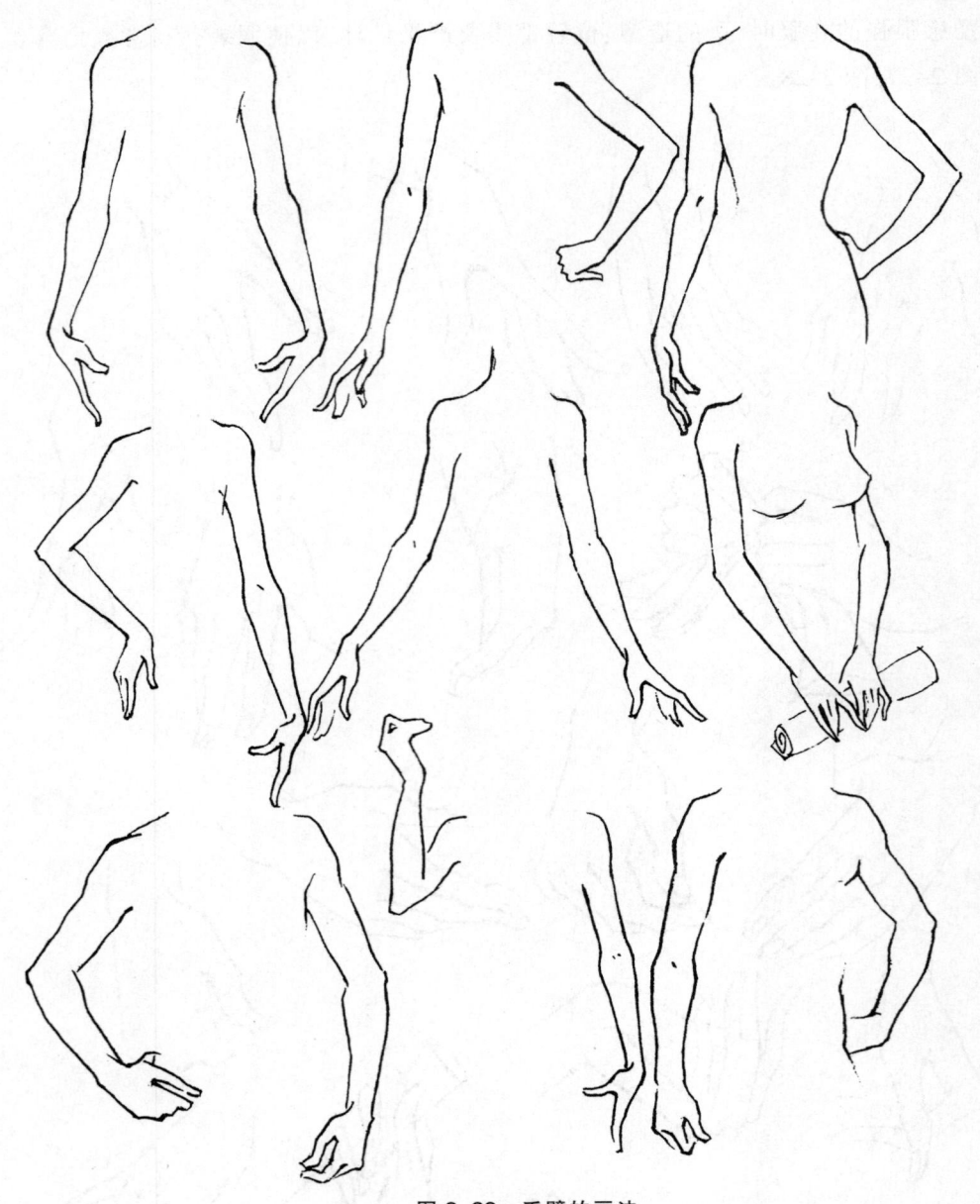

图 2-28 手臂的画法

七、脚的画法

脚是人类能自由活动的保证,它支撑着整个人体。脚也能将内心情绪表现出来,脚的动态可以烘托时装的风格。

画脚时要注意脚的左右之分,以免画成同边脚或反边脚。时装画中极少有光脚的,所以一般画脚必须画鞋,鞋与脚同时画。

鞋除了实用之外,还是一件重要的装饰品,它和时装一样会随着流行的变化而变化。画时要考虑到鞋和服装之间是否协调,例如画运动式服装时,应当配适合运动的轻便鞋或球鞋;画礼服时,应当配精致的高跟鞋或半高跟鞋。鞋有尖头、圆头、方头等款式,还可用装饰品点缀,这些都要根据服装的风格来确定。

画鞋要与画脚结合起来,要注意脚的关节位置以及鞋或脚的外形。因为鞋在最下方,画时要采用俯视的角度。见图 2-29、图 2-30。

图 2-29 脚与鞋的画法

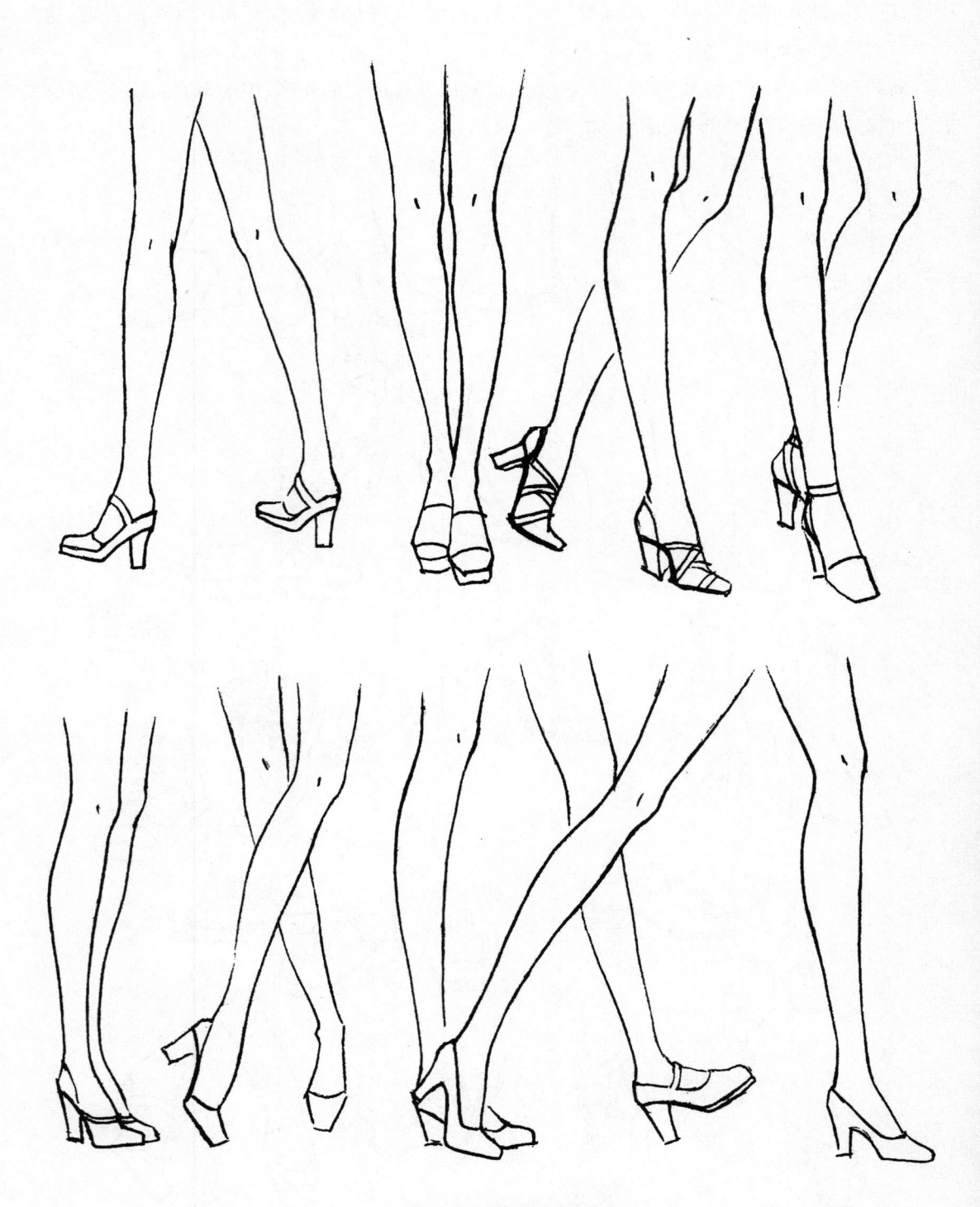

图 2-30 脚与腿的画法

最后,要注意观察整个鞋与脚的关系,看看鞋是否真地"穿"在脚上,是否落在地面上。

第三节　人体的基本动态

描绘人体的基本动态,要注意重心、透视,并掌握常用的几种姿势。

一、人体的重心

地球上的物体无不受到地心引力的作用,人体也不例外。地心引力通常又叫做重力,重力的大小就是物体的重量;重力的作用方向始终垂直向下,指向地心;重力的作用点就是物体的重心。

人体是由许多肢体连接而成的杠杆系统,其动态千变万化,因此,人体重心的位置也随之变化。

无疑,人体正面直立静止时,重心位于人体骶骨与脐孔之间[图2-31(a)];当人体的下肢侧伸时,重心就移到一侧去了[图2-31(b)];当人体向上提升时,重心就升高[图2-31(c)];当人体下蹲时,重心下降[图2-31(d)];当人体前屈时,重心前移[图2-31(e)];当人体后仰时,重心后移[图2-31(f)]。

重心位置有六个方向的移动,即侧移(左、右)、上移、下移、前移、后移。其中前移的活动范围最大,而上移的活动范围最小[图2-31(g)]。

由人体的重心引出一条垂直于地面的线,这条线叫重心线,它是分析人体动态的辅助线。在绘画中常用重心线来检查和纠正画人体动态时的错误。

支撑面是支撑人体的面积,支撑面大,稳定性大;支撑面小,稳定性小。

重心线(重心引向支撑面的垂线)落在支撑面内,人体能保持平衡,否则会失去平衡(图2-32)。

二、人体的透视

时装画中的人体同其他物体一样,具有近大远小、高仰低俯等透视变化。要运用这些透视规律,处理好时装画人物的透视关系。

人体是结构复杂的形体,但也可以把它简化视作许多几何体的集结,这样研究其透视就简便多了。比如:头部可以看作一个球体,甚至是桶状的柱体;胸部可看作一个立方体;臀部也可看作一个立方体;这两个立方体之间的腰可看作一根可弯曲转动的圆柱;四肢可看成能伸屈的圆柱体。把复杂的人体归纳成几何体,有利于人们借助对立体的了解,来了解人体各部位的透视变化。人体除了有俯、仰等透视变化外,还有身体的弯曲、扭动以及四肢的屈伸等变化(图2-33、图2-34)。

三、时装画常用的人体姿势

时装画中的人体固然不应正襟危坐或呆板肃立,但也不宜做幅度太大的屈伸、弯扭动作,否则难以充分表现服装的美感,因此,画中人体一般多采用站立的姿势。

图 2-31 人体重心的变化

第二章 人体的基本知识 41

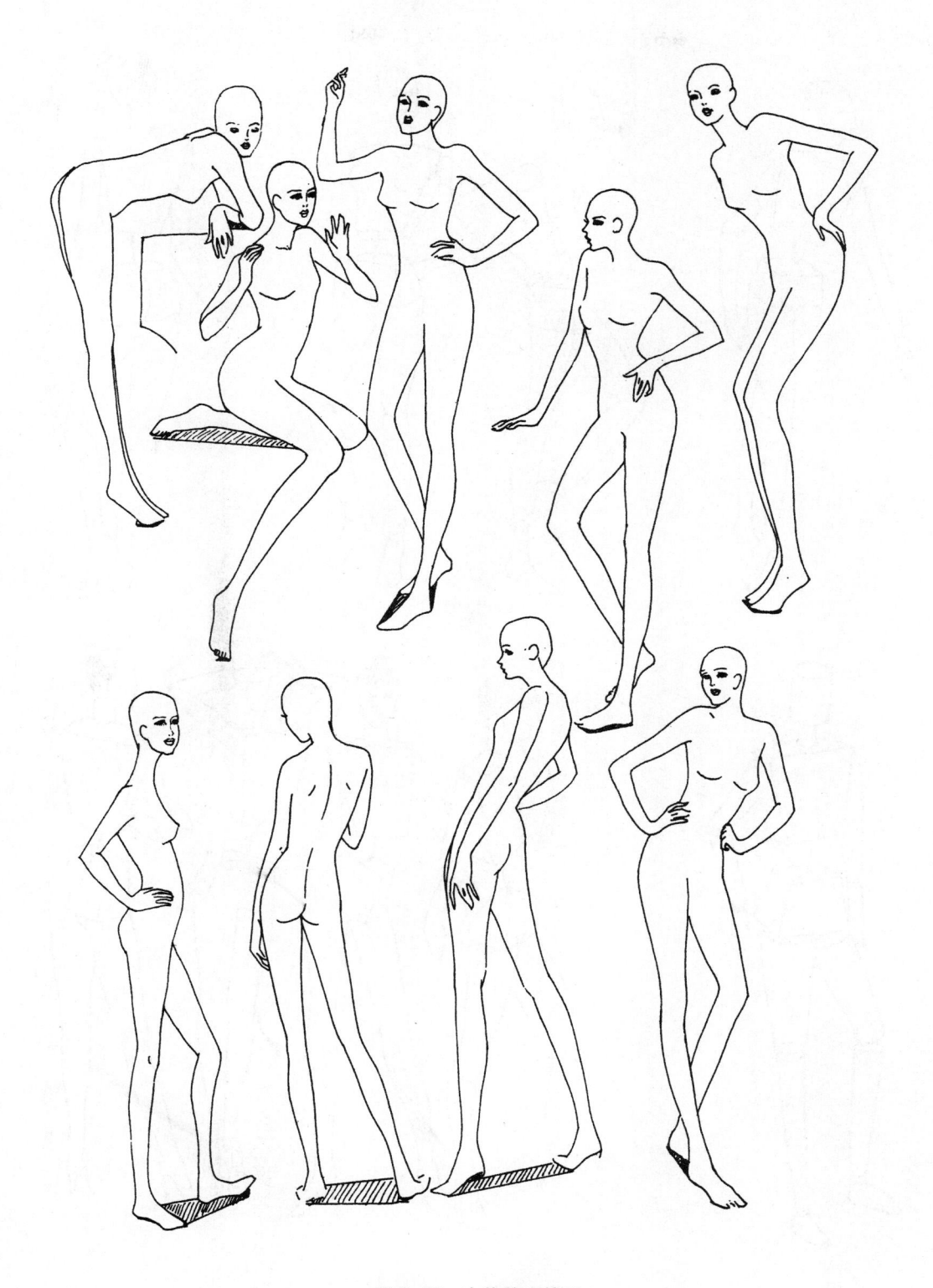

图 2-32 人体的支撑面

图 2-33 人体透视

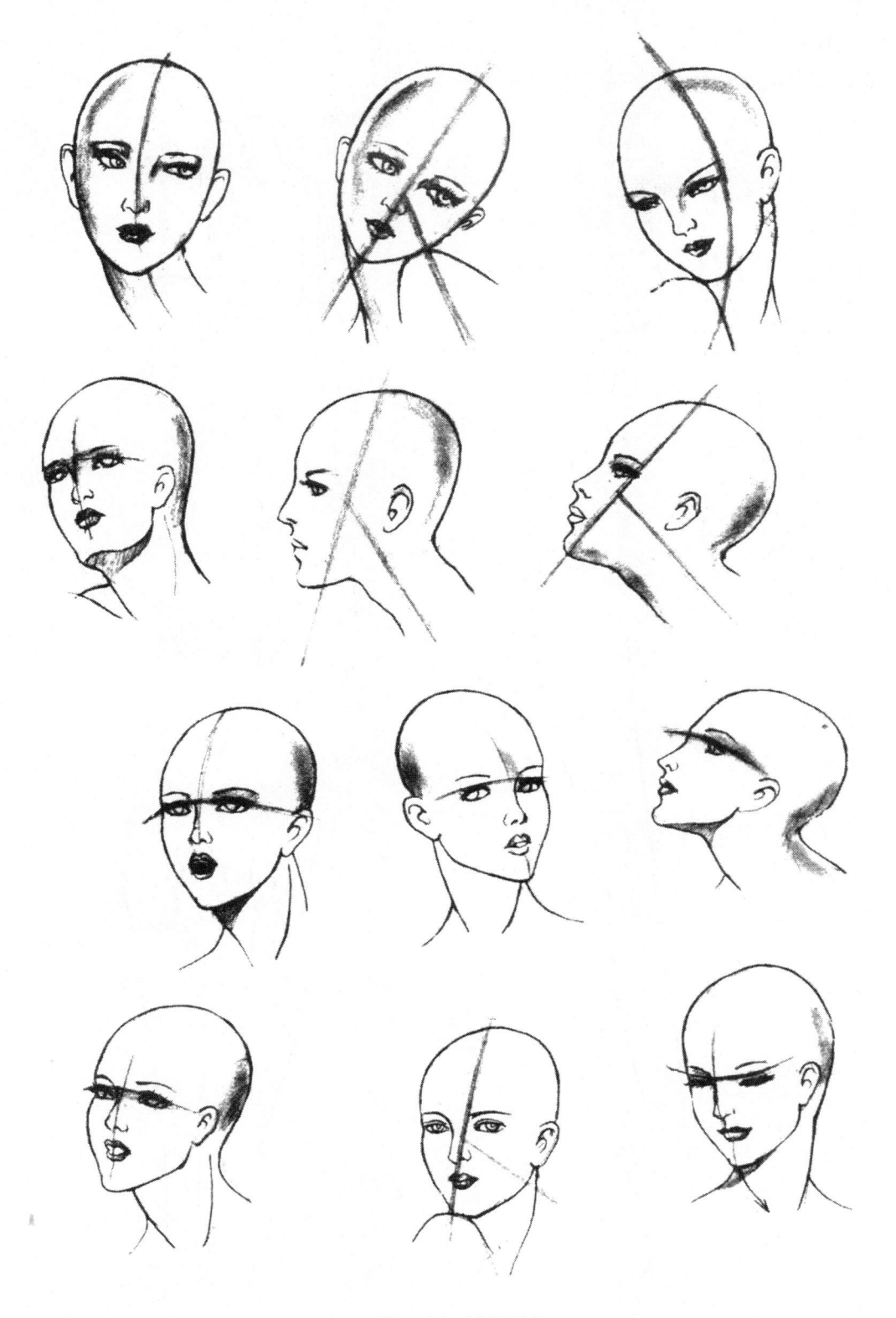

图 2-34 头部透视

(一)女人体姿势

女性应表现为温柔、娇美的姿态(图 2-35~图 2-38)。

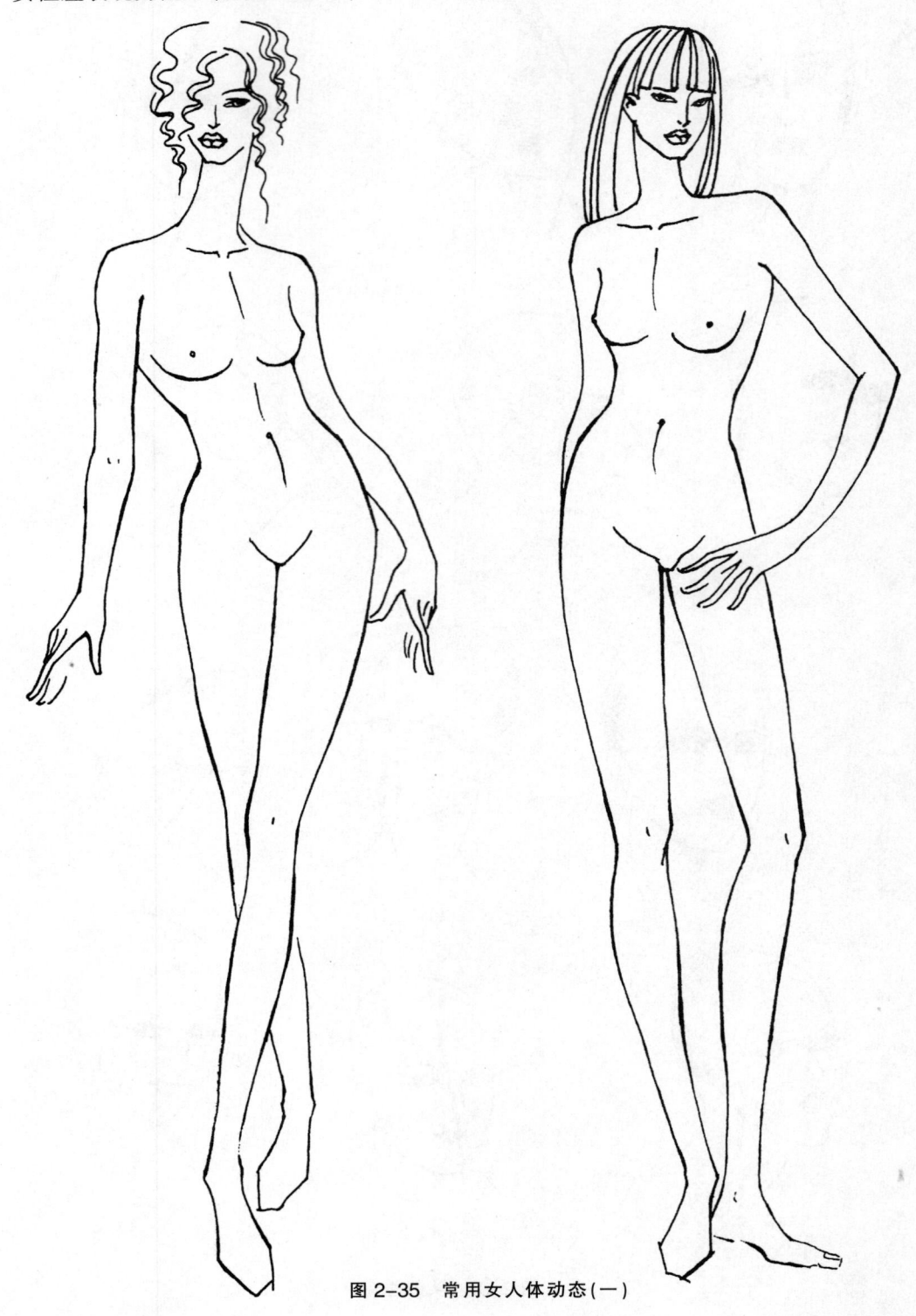

图 2-35 常用女人体动态(一)

图 2-36 常用女人体动态(二)

图 2-37 常用女人体动态(三)

图 2-38 常用女人体动态(四)

(二)男人体姿势

男性应表现为刚毅、理智和进取的姿态(图2-39)。

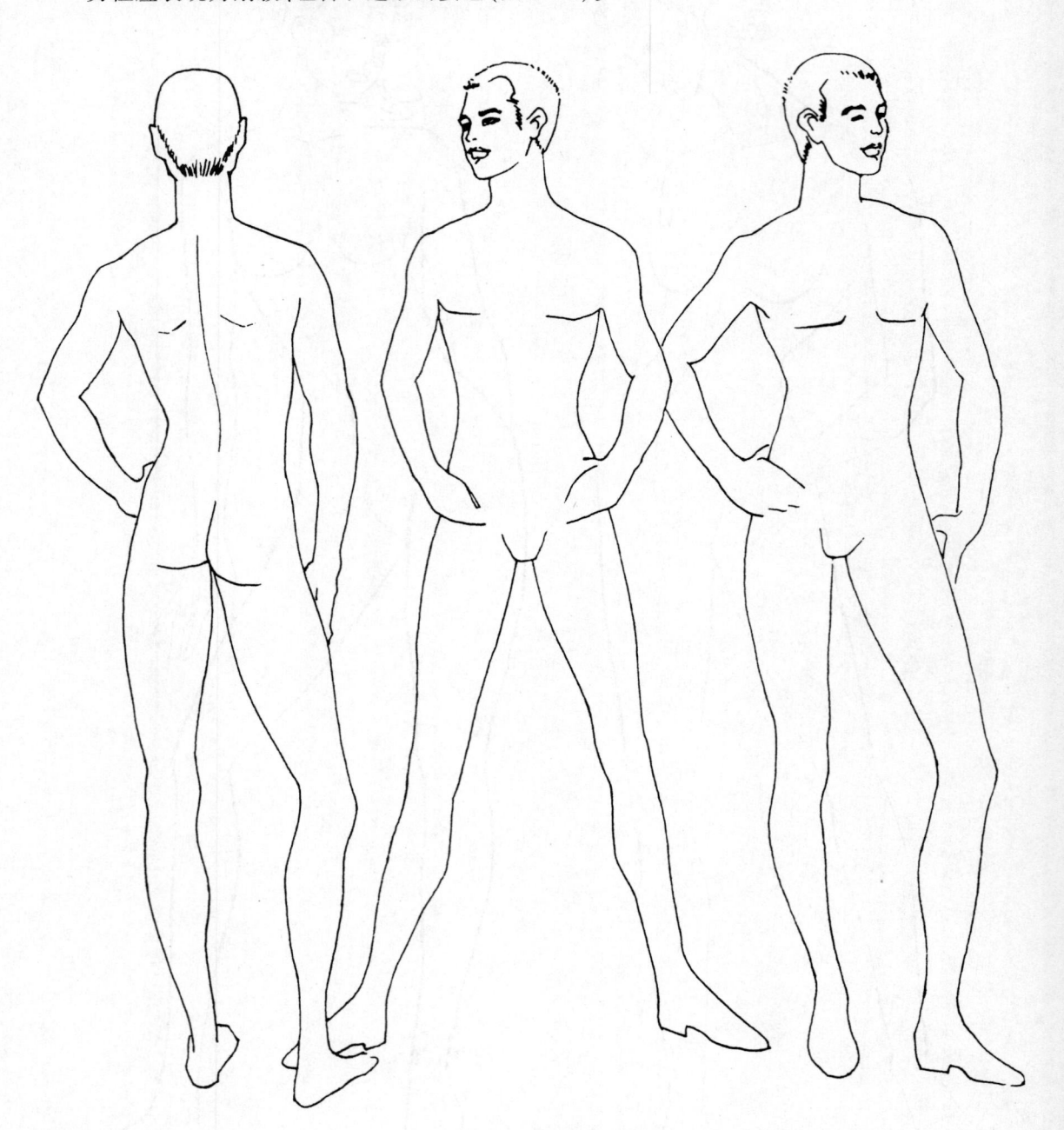

图2-39 常用男人体动态

(三)儿童姿势

画儿童,应着重表现其天真、纯朴和活泼的姿态(图2-40、图2-41)。

图 2-40　常用少年人体动态

图 2-41　常用儿童人体动态

■ 思考与练习

1. 默写人体基本骨骼、肌肉的名称,并画出它在人体上的位置。
2. 默画男、女全身各部位的基本形体,并比较其体形差异。
3. 画各种角度的眼睛 10 对。
4. 画各种角度的嘴唇 10 个。
5. 画正侧面鼻、耳各两个。
6. 收集不同发型 20 款。
7. 临摹 3 个不同人种的头像。
8. 收集各种动态的手 30 只。
9. 画脚与鞋 25 双。
10. 收集、练习 30 种时装画常用的人体动态。
11. 默画男、女时装画常用动态各 5 种。

第三章 服装的表现

第一节 服装款式的局部表现

服装款式涉及服装外形、领子、袖子、口袋及其他细部。

一、服装外形的画法

服装外形的变化对服装款式的流行具有决定性的作用。服装外形可归纳为 A 型、V 型、O 型、S 型、H 型和 X 型。对外形起重要作用的是腰节线的变化，它的收紧、放松、提高、降低都能影响外形的变化。另外，肩部的宽窄、大小、倾斜、凸起及袖子的肥瘦、长短也能影响外形的变化。画服装要注意其外形的长、宽比例以及腰节线的位置（图 3-1~图 3-4）。

二、领子的画法

衣领是服装造型的重要组成部分。领子的款式很多，在描绘时必须将每一种不同造型的领子特色准确地反映出来，例如，画面出现的服装是西服领还是披肩领等。如果是西服领，还要进一步明确地表现该西服领是宽驳头还是窄驳头，是大开门型还是小开门型等。如果这些细微部分表现得不明确，就会影响整件服装的造型，以致影响裁剪工艺的进行。

在画衣领时，要先画出人体的颈部，再画衣领。为了准确地画出衣领，必须画好领口，领口围绕着圆柱形的颈部，衣服的领口交点正好落在颈窝处，领口的曲线要环绕颈部，并且有一定的弧度，画好领口再画领面的形状。大部分领面都是左右对称的，画好的衣领在视觉上要对称，搭门重叠的大小要准确，领的左右高低要一致，领尖要相同。衣领翻开时，领子的翻折曲线要画得柔和、轻松，衣领与颈部的松度要掌握好（图 3-5）。

掌握了对称领子的画法，再画两边不对称的领子就容易多了，不对称的领型要采用正面的姿势来表现。

为了帮助大家掌握领型的画法，在此选择了一部分有代表性的领型以供参考（图 3-6）。

三、袖子的画法

袖子和服装的外形、领子一样，均会随着时代的变化而变化。袖子的变化多体现在袖身的形

图 3-1 服装外形的画法(一)

图 3-2 服装外形的画法(二)

图 3-3 服装外形的画法(三)

图 3-4 服装外形的画法(四)

图 3-5 衣领的画法

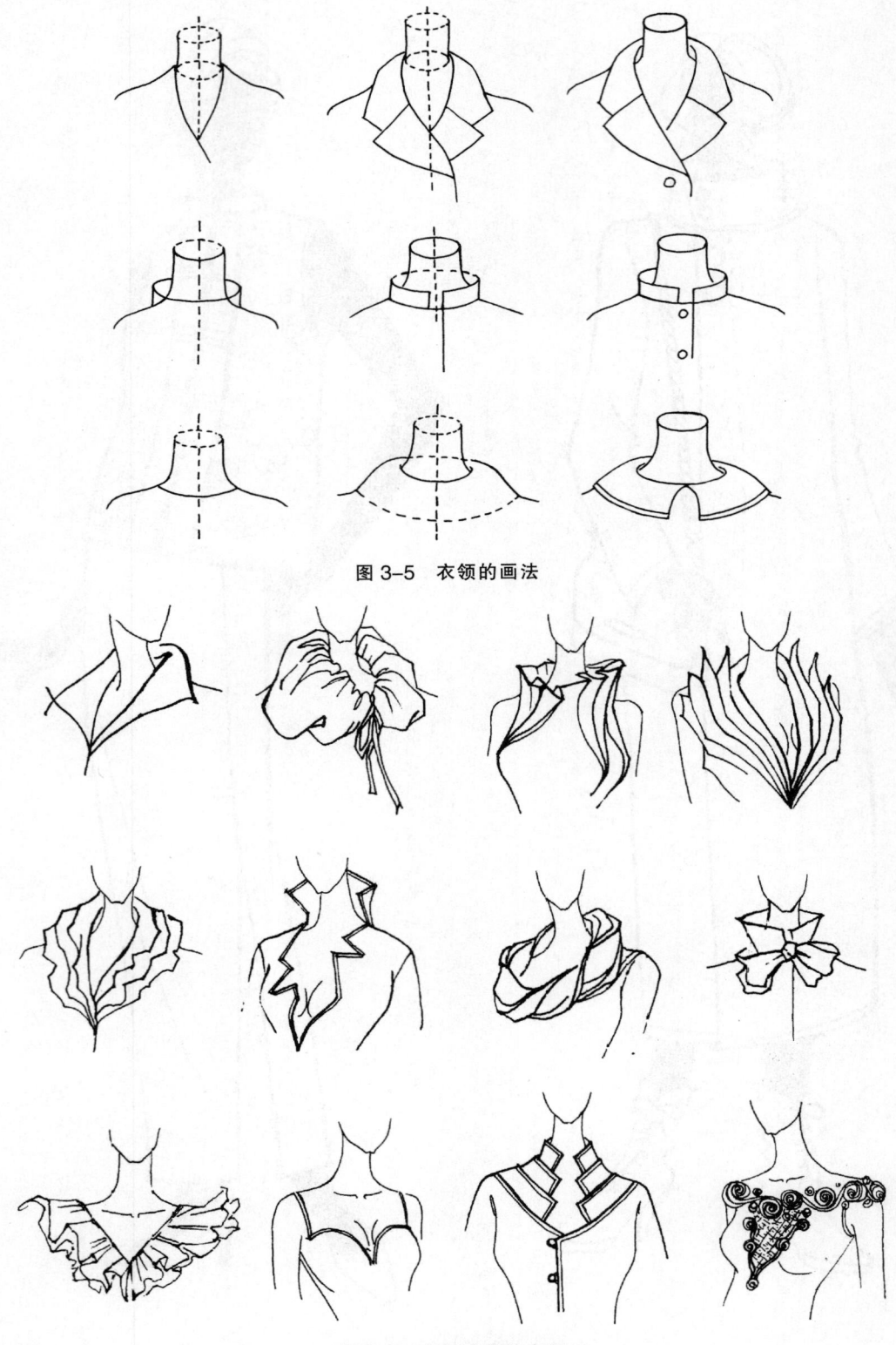

图 3-6 各种衣领的表现

状、长短、宽度等方面。画袖子(图 3-7)要注意以下几点：

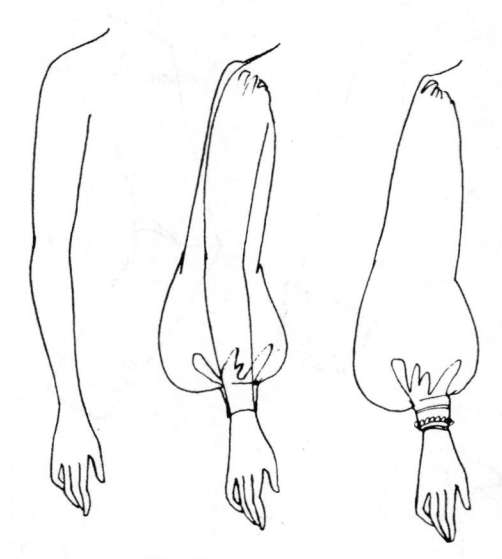

图 3-7　袖子的画法

(1)先画出上肢,上肢的动态要有利于袖型的展示。
(2)要明确表现袖子的长度、肥瘦及造型特点。
(3)注意袖子与肢体的虚实关系,袖子的褶裥要画得概括。
(4)注意袖子上装饰物的处理,要完整地表现袖子上的花边等。
图 3-8 所示为各种袖子的表现方法,供参考。

四、口袋的画法

口袋的画法虽比其他部位容易些,但是如果掌握不好,也难以达到所要表现的理想效果。口袋既有存放东西的功能,又具有装饰作用,因此在描绘时要注意它与服装整体以及其他局部的大小、比例、位置关系,同时注意风格的统一。如果把口袋设计在衣缝或衣褶的暗处时,为了说明它的存在,可把人物的手画成插口袋的动作,同时袋口要画得稍微松弛些,以示袋口的位置。见图 3-9。

五、服装的细部画法

(一)褶的画法

褶在服装上常常出现,一般多用在前胸、后背、袖口及腰部等部位,在裙子上的运用尤其普遍。如果对褶表现得不适当、不准确,会给整个服装制作带来麻烦。

服装上的褶大致有死褶和活褶两种,也可将它们统称为式样褶。在描绘时,要准确地画出各种褶的特点,若是死褶,还要表明其上下叠压的层次关系,褶的大小要统一、均匀,注重虚实变化;画活褶的时候,要表现得轻松、自然、随意、疏密有致。见图 3-10。

画褶时要注意：

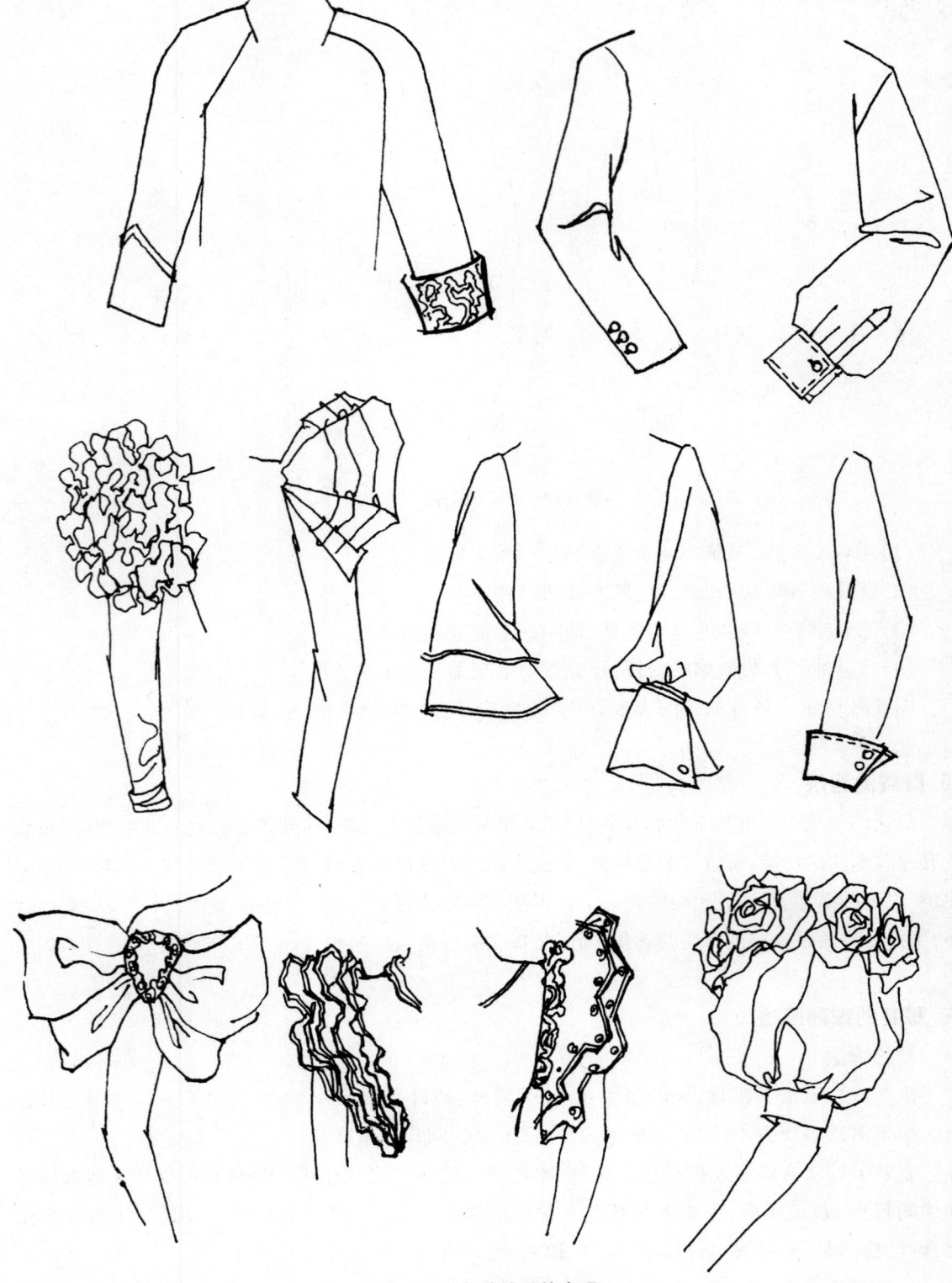

图 3-8　各种袖子的表现

第三章 服装的表现 59

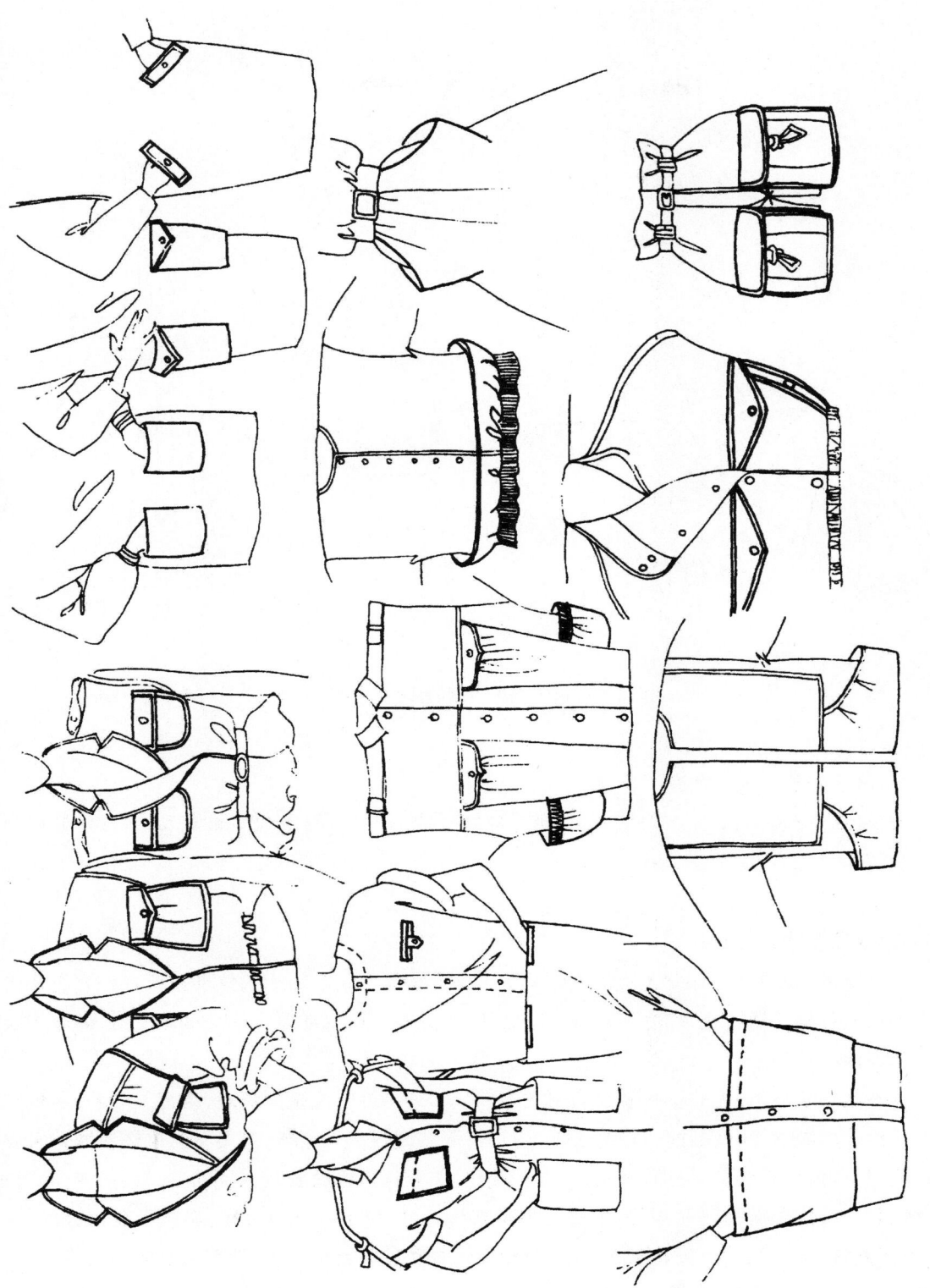

图 3-9 各种口袋的表现

图 3-10　褶的表现

(1) 褶的处理要疏密适宜。

(2) 紧靠缉缝线的褶要画得密而小,越是离缉缝线远的褶,越要画得疏而大,并且要显得圆厚一些。

(二) 衣纹(动态褶)的画法

前面所讲褶的画法,是由缝制工艺处理所产生的褶的变化。由于人体动作或各种姿态变化所产生出的各种衣褶变化,称之为衣纹或动态褶。画这类褶时要注意人体的动态变化,有时衣纹方向与人体的动势相反。

在表现衣纹时,首先要了解衣纹的来龙去脉、动态的方向、线条的长短、疏密等关系,尽量省去一些琐碎的皱褶,用概括的手段来表现。另外,服装面料多种多样,要用不同风格的线条来表现其质感,线条要有轻重、粗细、虚实、顿挫等变化。如表现丝绸服装时,线条应细长、柔和、流畅;棉麻织物衣纹线条应挺直而短促;精纺毛织物衣纹较少,线条应圆润柔和;粗纺毛织物挺括、厚重,可用断续、毛糙的线条来表现。还有一些化纤织物和一些新型面料,都有不同的衣纹感觉。要仔细观察分析其衣纹特点,用相应的方法来表现。

(三)缩缝的画法

缩缝是把织物缝成非常细小的密褶,并组成凸起的图案,在襞裥上,还可绣上各种花纹。

画缩缝的方法(图3-11):

图 3-11 缩缝的画法

(1)在服装上先画出褶的基本轮廓线。
(2)在相连处轻轻画曲线,以表现织物的膨松感,加上阴影可以表现立体感。
(3)如果绣有花纹,应将它们概括地表现出来。

(四)拉链的画法

拉链的装饰功能越来越被服装设计师所重视,并用于服装、服饰的各个部位。要画好拉链绝非难事,画时应注意以下几点(图3-12):

(1)注意拉链的形状、长短,然后画出它的轮廓线。
(2)进一步细致刻画拉链的结构、起伏,注意别画得过于死板,要有虚实变化。

(五)扣子的画法

扣子的种类繁多,在服装中常常起到画龙点睛的作用。画扣子时,要注意扣子的形状、大小以及在服装中的位置。见图3-13。

图 3-12 拉链的表现

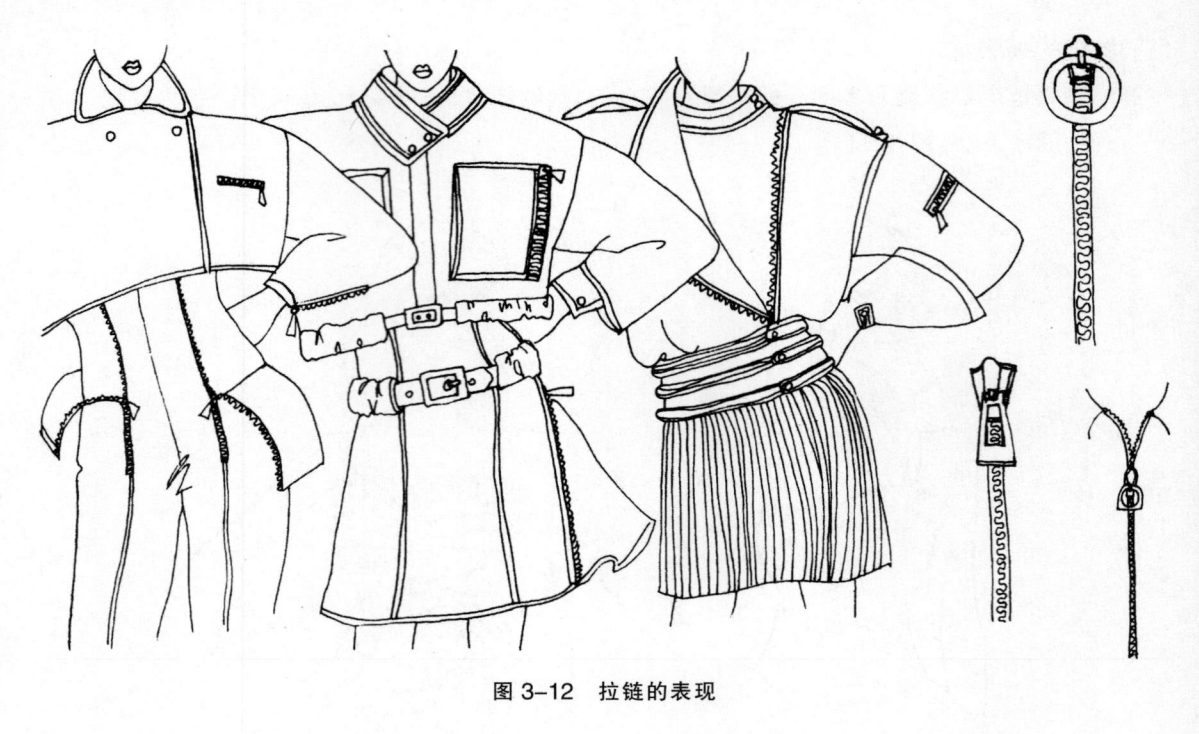

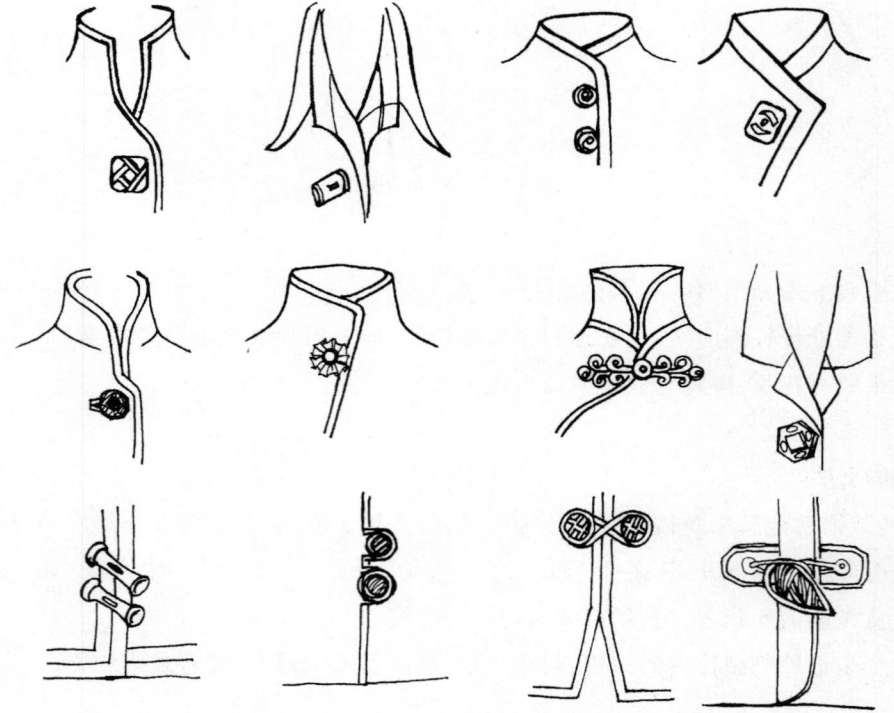

图 3-13 扣子的表现

(六)花边的画法

花边在服装中运用较广,特别是在内衣和礼服上运用较多。描绘时应注意,花边由于人体起伏所会产生变化,应先画出花边的轮廓和转折变化,再仔细地画出花边的花纹。画花边的花纹时,不要见花就画,要注意整个花边的虚实关系(图 3-14)。

图 3-14 花边的表现

第二节　服饰配件的表现

在时装设计中，服饰配件是一道必不可少的点缀，它们是设计师自我风格展示的绝佳配料。服饰配件的种类很多，各种搭配层出不穷，下面介绍几个主要门类的画法。

一、围巾、头巾的画法

随着时代的发展，头巾、围巾的功能已远远超出了保暖、防风、防晒的作用。它的装饰功能越来越为人们所重视。正确的佩戴方法大大增添了整件服装的美感。

头巾、围巾的佩戴方法必须要与整体的服装款式相协调，如果只注意头巾的表现，有时反而会破坏服装的整体效果。

头巾、围巾的式样繁多，但大多数是通过折叠、打结等手段产生各种形状和各种皱褶的，这些形状和皱褶的表现是画头巾、围巾时应十分注意的地方。画时应从整体着手，抓住大的形状，并把褶的疏密、虚实处理得井井有条；同时还要注意头巾、围巾不同质感的表现方法（图3-15）。

头巾、围巾的画法要点：

(1) 画出头与颈的轮廓，在头或颈部轮廓的基础上画出头巾或围巾的外形，注意头或颈与头巾、围巾的贴紧度。

(2) 在画好外形的基础上，要进一步表现头巾、围巾的内部结构，注意打结的特征。

(3) 归纳、概括头巾或围巾的褶纹，使之疏密有致，同时注意表现头巾或围巾的质地及花纹。

二、帽子的画法

帽子和头巾、围巾一样，除了有防寒、防晒的作用外，还可以作为装饰品，使单调的服装变得丰富、有情趣。

帽子的种类繁多，按面料分，有布帽、呢帽、毡帽、绒线帽、化纤帽、草帽等；按季节分，有春季的单帽、夏季的凉帽、冬季的保暖帽等；按外观形状分，有贝雷帽、礼帽、无檐帽、瓜皮帽、棒球帽、风雪帽等。在描绘时要将它们的外形特征和质感表现出来（图3-16）。

画帽子，必须了解头部体积与帽子的关系，头与帽子的关系就是凸凹两种立体的组合。帽顶和帽檐是组成帽子的关键部分。画帽顶要注意掌握帽顶的高度，以表现它与头部之间的空隙。

画帽子时还要注意其随头部的运动而产生的透视变化，同时注意面部、发型及帽子三者之间的关系。

第三章　服装的表现　65

图 3-15　围巾、头巾的表现

图 3-16 帽子的表现

三、手套的画法

手套除了具有保护手的功能外,它的装饰功能也在日益深化。在一些晚宴、舞会等较正式的社交场合,女士们会利用装饰手套来烘托自身的高雅、亮丽。一般来说,装饰手套多为薄型,有的长至手腕,有的长至臂膀。手套材料有绢网、锦缎、尼龙、皮革、纱线、涤纶等,在描绘时要注意质感的表现。

手套既然要戴在手上,当然会比手形大一点,但仍然要显现手和臂的轮廓(图3-17)。

画手套的要点:

(1)画出手套的轮廓。

(2)画出手套的手指、手掌和手臂三部分,并深入描绘。

(3)表现出因手活动而产生的手套的褶、皱及手套的花纹、质地。

四、袜子的画法

袜子总是和腿脚的形状一起表现的,袜子和腿脚如影随形、相伴相依,并能使腿脚的表现更丰富。所以,画袜子首先要画出腿和脚的形状,然后再画出袜子的外形。袜子的外形应根据袜子的厚薄来画。画好袜子的外形后,可细致地描绘袜子的花纹或花边。见图3-18。

五、包的画法

包的种类很多,各种造型、款式千差万别,让人眼花缭乱,目不暇给。在表现包时一定要根据服装的风格配不同的包,使之相互协调。

在描绘时,应着眼包的款式和质感的表现(图3-19)。

包的画法要点:

(1)画出其基本外形。

(2)表现包的几个面的相互关系。

(3)深入细致地表现包上的装饰及拉链、扣子、带子等细部,但还应注意与整个画面的协调。

六、首饰的表现

首饰与服装形成一个有机的整体,它既可以表现高贵的气质,又可以表现粗犷、素雅的风格。首饰如头簪、项链、耳环、戒指、手镯等,可以装饰人体的各个部位,这些首饰的表现风格必须与相应的服装风格一致。首饰的款式造型是极为考究的,在一些高档礼服和高级时装中,首饰往往享有很高的地位,起着画龙点睛的作用。首饰常用的材料有金银、珠宝、钻石、塑料、木料等。

当然,首饰只不过是服装的点缀品而已,因此在表现首饰时不宜喧宾夺主(图3-20)。

七、领带、领结、腰带、蝴蝶结的表现

画领带、领结时,首先要注意的是领部。领带、领结是系在领子上的,画时要表现出适当的松

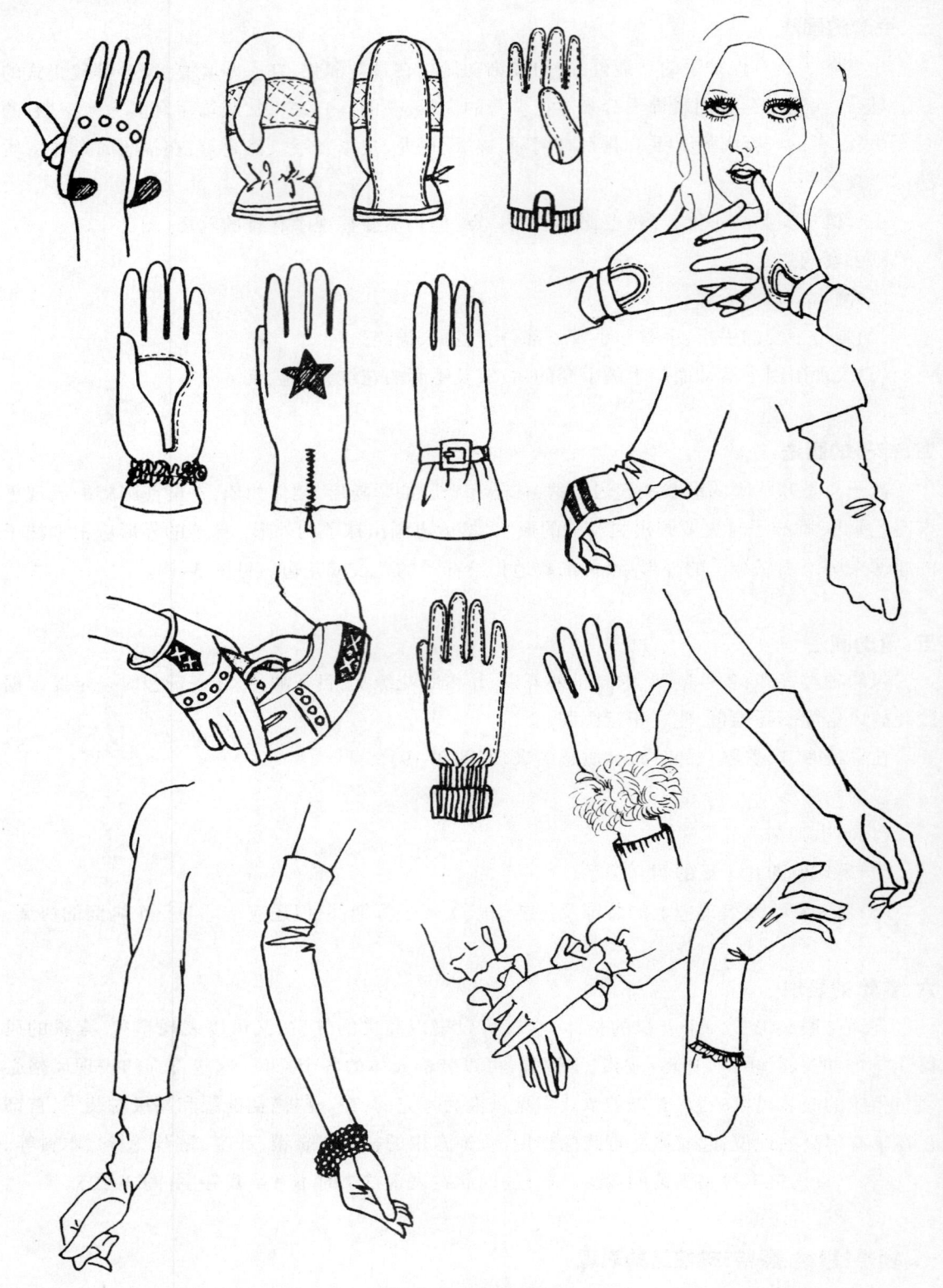

图 3-17　手套的表现

图 3-18 袜子的表现

图 3-19　包的表现

图 3-20　首饰的表现

紧度，不要让人感到系得太紧或太松，要细致地表现出领带、领结的结构、花色（图 3-21）。

腰带有腰带头和腰带两部分，要表现腰带头的衔接以及它们各自的结构特征（图 3-22）。

蝴蝶结就像蝴蝶一样可以"飞"遍全身，在描绘时，应注意它的大小与服装的比例是否和谐。蝴蝶结的结构、花色及佩戴方式都应明确地表现出来（图 3-23）。

图 3-21 领带、领结的表现

图 3-22 腰带的表现

图 3-23 蝴蝶结的表现

第三节　服装款式图的表现

服装款式图亦称为服装设计展示图、工作图，它在服装设计中起到说明设计重点的作用。在服装企业里，款式图的表现对指导生产具有重要的意义。

款式图是依据时装画来绘制的，它要求绘制精确、规范，有时需要对服装的一些特征部位如明线的宽窄、粗细及口袋、领子、袖子等制作工艺中所涉及的关键部位加以详细说明，可用图示或文字来解释。款式图的主要特点是强调服装的结构，有时要求将服装的省道、结构线、面料、辅料等交代清楚，在绘制过程中要注意以下几点：

一、比例准确

款式图分为正面、背面和局部，要特别注意服装整体造型与局部比例的关系。如上衣与裤子的比例、领口与袖子大小的比例，正、背面款式图一般要求左右对称、大小相等。

二、结构合理

款式图是由服装外形和结构线组合而成的。结构线的分割要以设计图为依据，如公主线、省道、口袋、纽扣的位置等，这些都要在款式图上明确表示，以保证其准确性。

三、绘制方法

款式图的绘制方法一般是用线均匀勾画，绘制时要求严谨规范，线条粗细统一。有时为确保线条直顺，可用尺子作为辅助工具，以达到线条的准确和平直。

上装款式图的表现见图3-24、图3-25。

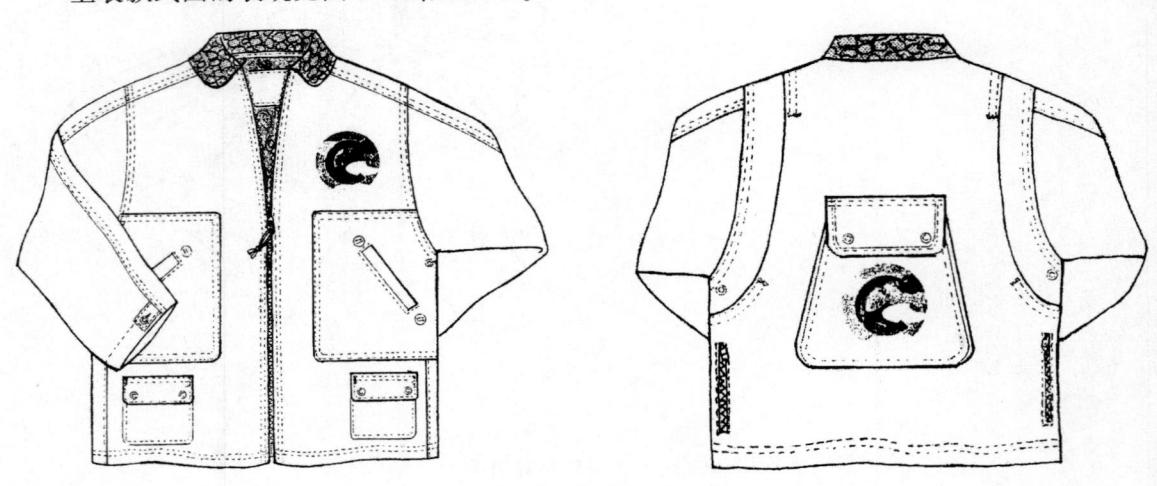

图3-24　上装款式图的表现（一）

图 3-25　上装款式图的表现(二)

裤子款式图的表现见图 3-26。

图 3-26　裤子款式图的表现

裙子款式图的表现见图 3-27。

图 3-27　裙子款式图的表现

时装画

套装款式图的表现见图 3-28。

图 3-28 套装款式图的表现

第四节　主要服装品种的表现

此处介绍的是上装、裤子及裙子的画法。

一、上装的画法

(1)确定人体的正中线。

(2)画出外形，注意男、女体形的差异。

(3)画好上装的领子、袖子、口袋等局部。

(4)刻画细部。见图 3-29。

图 3-29　上装画法

上装变化复杂,这里收集了几组男、女上装的表现实例,以供参考(图3-30、图3-31)。

二、裤子的画法

裤子的外形主要有梯形、倒梯形和长方形,裤子的变化主要表现在腰头、口袋、膝盖线、裤脚口及裤子的肥瘦、长短方面。

画裤子时要注意以下几点:

(1)确定适当的下肢姿势。

(2)要明确表现裤子的长度、肥瘦,注意裤子与下肢的虚实关系,并要画得概括。

(3)要表现裤子的口袋、腰头、裤脚边、省道、衣纹等。

(4)画裤子时,线条要放松、流畅。见图3-32。

这里介绍几种裤子的表现实例,以供参考(图3-33)。

三、裙子的画法

(1)画出裙子的外轮廓。

(2)画好裙子的褶纹。

(3)处理好裙子底边,注意透视变化。见图3-34。

裙子种类很多,这里介绍几种裙子的具体表现方法,以供参考(图3-35)。

图3-30 男、女上装的表现(一)

图 3-31　男、女上装的表现(二)

图 3-32 裤子的画法

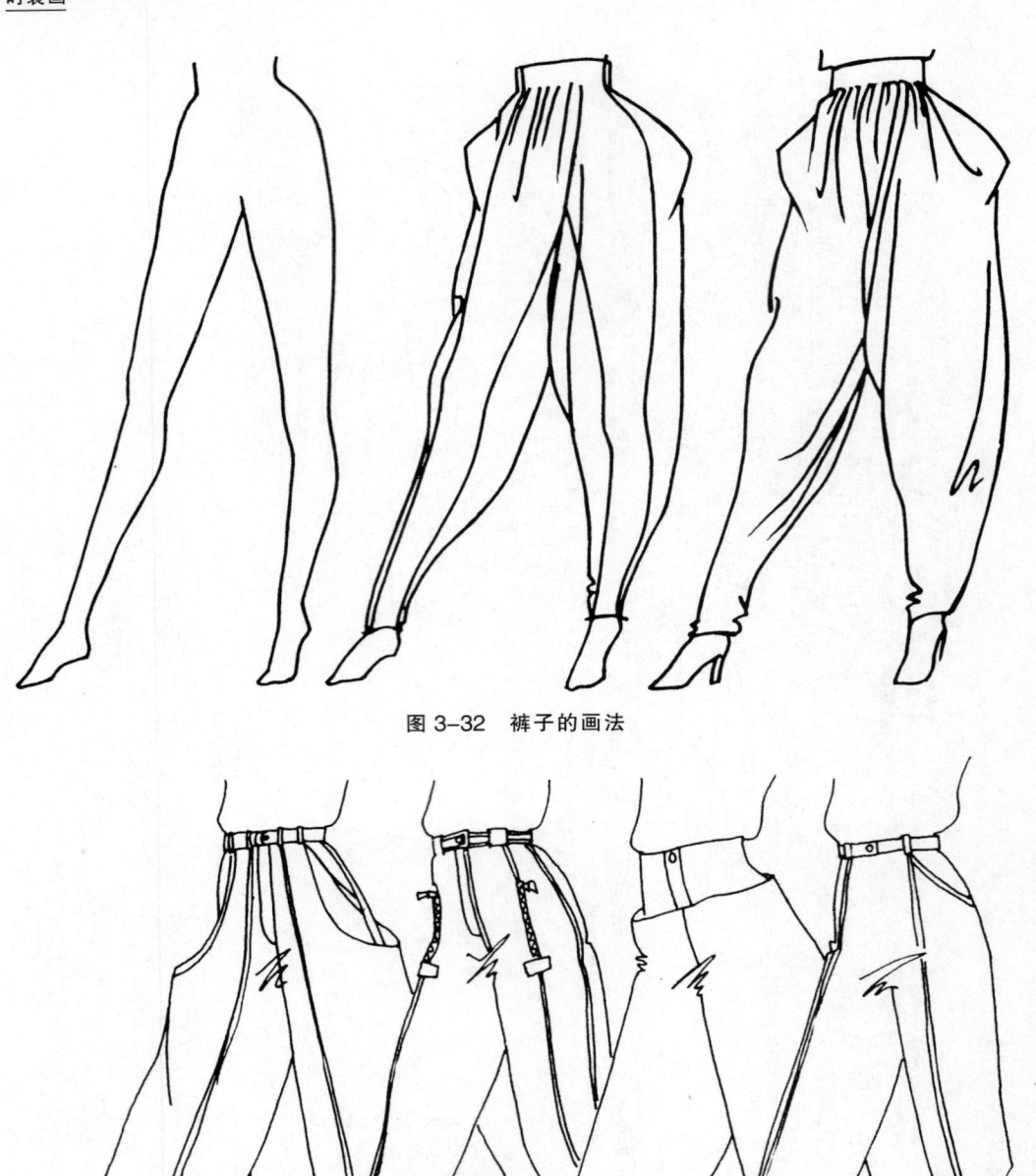

图 3-33 各种裤子的表现

图 3-34 裙子的画法

图 3-35 各种裙子的表现

第五节　在人体画稿上绘制服装的规律

时装画的主要任务是表现服装的穿着效果及服装的结构特征。为此，选择适当的人体姿势并掌握正确的绘制步骤是十分必要的。

一、人体姿势的确定

(一)根据服装的风格确定人体姿态

人物的气质要与服装的风格协调，人体的姿势要有利于强化服装的风格。例如，用轻松欢快、无拘无束的人物姿态来表现天真活泼、时髦洒脱的少女装；男装应以矫健的人物姿态来显示粗犷、潇洒的风格；表现童装应看重刻画孩子们天真、稚气的神态，使其服装显得更加生动可爱；表现晚礼服时，其人体姿态应典雅、高贵。

(二)根据服装的款式确定人体姿势

人体的姿势应有利于表现服装的款式特点，表现所画服装与其他服装的不同之处。如果服装款式设计的重点在后背，则适宜选用背面的姿态；侧身站立可表现服装侧面的特征；手臂抬起有利于各种袖子的描绘，叉开双腿的姿势有利于裙裤和裤子的表现。在一般情况下，人体的姿势以站立为主，有时根据款式需要也可以采用坐、蹲、卧等姿态。

二、构图

构图是时装画成败的重要因素之一，时装画的构图与绘画的构图原则大体相同，但还有一些具体区别，因为时装画的目的是强调突出服装的款式、色彩、面料和图案。一般情况下，时装画构图可分为以下几种形式：

(一)单人构图

这种构图在时装画中较为常用，构图时要注意脸的朝向，脸朝着哪个方向，哪面的空间就应大一些。有时还可以在旁边加点文字说明或服饰配件的局部表现，使画面主次分明，更加完善。见图3-36。

(二)双人构图

这种构图也较为常见，构图时要注意人物之间的呼应关系以及动与静、重叠与穿插的协调关系。人物可同时站在一个平行线上，也可以将上下、前后、坐立、卧躺等不同位置和不同动态穿插起来，使画面更富有变化。见图3-37。

图 3-36 单人构图

图 3-37　双人构图

(三)多人构图

这种构图较适合表现系列服装,构图时要注意画面的整体气氛、人物的主次及穿插关系。要有疏密、虚实变化,使画面产生一定的节奏感,才会丰富而不凌乱(图3-38)。

图3-38 多人构图

三、绘制服装的步骤

(1) 首先确定一个人体动态并把它画出来,注意标出人体的正中线。

(2) 画出服装外轮廓,注意各部位的服装贴体度。

(3) 参照人体的正中线,画好服装的款式,同时擦去被服装掩盖的部分人体,然后画好发型与相应的服饰配件。见图 3-39。

图 3-39　绘制服装的步骤

四、人体画稿与服装画互换

作为初学者可以反复临摹、练习几个常用的人体动态,在画好的人体上"套穿"各种类型的服装,也可以根据服装的造型来选择人体动态。见图 3-40。

图 3-40　人体画与服装画互换

■ 思考与练习

1. 画 6 套不同外形的服装。
2. 收集各种领型 50 款。
3. 收集各种袖型 50 款。
4. 收集各种袋型 50 款。
5. 反复练习各种服装细部的画法,直到运用自如。
6. 收集头巾 20 款。
7. 收集各类帽子 20 款。
8. 收集各种手套 10 款。
9. 收集各种袜子 10 款。
10. 收集领带、领结、腰带、蝴蝶结 50 款。
11. 收集各种男、女上装 10 款。
12. 收集各种裤子 10 款。
13. 收集各种裙子 15 款。
14. 根据服装的风格、款式分别画出 5 组动态人体,然后再分别画成服装画。
15. 找 5 张款式、动态不同的时装模特照片,做人体画与服装画的互换练习。

第四章 时装画表现技法

时装画可以博采众长，兼收并蓄，几乎所有绘画材料及技法都可以为其服务，具有艺术性。同时，时装画的主要目的是表现服装及其风格，因此，时装画又具有不同于纯绘画的限定性。其绘画技法应与其表现的服装相适应，画者亦可根据自身的审美情趣来选择表现技法，使时装画的风格、技法丰富多彩。

第一节 各类表现技法

练习绘制时装画，应揣摩各类表现技法的特点。

一、线的表现

线是一切造型艺术的基础，是绘画的重要表现形式，具有极强的表现力。线具有独立的审美特征，古今中外的艺术家们都非常重视线的艺术表现力。

线的种类很多，可以利用线的粗细、方圆转折和用笔的轻重、快慢、顿挫等技法来表现各种物体的质感、动感、力度等。在时装画里，人们常采用以下几种线的表现形式。

(一)匀线

铅笔、钢笔、针管笔、毛笔等描绘人物及服装时表现为匀线。在绘制时，注意用笔的力量要均匀，线条要平滑、丰满，要有一定的条理性和装饰性。应注意线条的流畅性和疏密关系，运用匀线时，特别是画较长的线条时，一定要一气呵成，否则，线条的连贯性和内在韵味就会受到影响。这种线比较适合表现轻薄、弹性好的面料，如丝绸、薄纱等(图4-1、图4-2)。

(二)粗细线

这种线条粗细变化较为丰富，运笔的速度不同，产生的效果也不一样。其表现手法灵活多变，既可刚中带柔，又可柔中带刚，适合表现较为厚重、挺括的面料，可使服装具有一定的立体感(图4-3)。

图 4-1 匀线的表现(一)

图 4-2 匀线的表现(二)

图 4-3 粗细线的表现

(三)不规则线

这种线条是根据运笔的速度及笔触的粗细、转折、正侧的不同,表现古朴苍劲、浑厚有力、顿挫有致的效果,适合表现粗犷的厚质地面料及凹凸不平的不规则面料等(图 4-4、图 4-5)。

图 4-4 不规则线的表现(一)

图 4-5　不规则线的表现(二)

总之,如何运用线条的滞涩与流畅、凝重与轻盈、简洁与杂乱等方法表现服装的质感与风格,没有严格的公式。画者必须经过长期的摸索与实践,学习中外古今优秀绘画作品,从中汲取营养,才能逐步形成自己独特的线描风格。

二、黑白灰表现法

黑白灰表现法是时装画中一种较基础的训练,能表现多层次的、丰富的黑白灰调子变化。

黑与白的对比关系是既矛盾又统一的,在一定的条件下可以相互转化。在黑白灰这三者关系的运用上,要注意它们之间的面积对比,应以其中的一种为主要色调,另两种作为辅助色调加以点缀、丰富,三者之间的面积绝不能平均分摊。见图4-6、图4-7。

三、水彩表现法

水彩具有清新、透明、湿润、流畅等特点,适合表现具有透明感、飘逸感和轻快感的薄型面料及明快、清雅、亮丽色调的服装。在表现时,一般强调简洁性、鲜明性,不讲究多次的覆盖与过分细腻的刻画。

用水彩表现服装效果图时,最重要的是要注意水分的运用。如果着第一遍色时存水太多,那么在接上第二遍色时,会因水色淋漓而容易损毁画面,很难表现明暗关系。如果第二遍色上得太晚,又会出现块块水渍,因有的地方已干,有的地方未干。这都是运用水彩表现法时较易出现的问题。水彩的常见表现技法有两种:

图 4-6　黑白灰表现法(一)

图 4-7 黑白灰表现法(二)

(一)水彩湿画法

湿画法就是在第一遍色未干时即着下次色,对于水分和时间要把握好。着二遍色时,笔尖含水要少,含色要饱和,将局部画面画出即成。着第三遍色时,观察清楚纸上的水分变化,掌握好时间即着色,画出细节部分和最暗处,方法同前。另外,有时要待第二遍色干后才着第三遍色。见彩图 1、彩图 2。

水彩湿画法的表现步骤如彩图 3 所示:

(1)画出帽子的明暗关系。

(2)画出衣服的明暗关系,留出高光部分。

(3)深入刻画服装,完成帽子、发型、面部和服饰配件。

(二)水彩干画法

所谓水彩干画法是一种比较简单的方法,不过是颜色要层层加上去罢了。它的特点是,第一遍色干后加上第二遍色,第二遍色干后再加第三遍色,直至完成。

上第一遍色,先将整个画面的基本颜色画出,不必过分注意阴影、明暗,颜色宜薄;上第二遍色是待第一遍色干后将局部及暗处画出,此时明暗远近已划分清楚;第三遍色是待第二遍色干后即着,上这遍色是不容易处理的一种收笔工作,画面的笔触、明暗、颜色、趣味、情调都取决于这一收笔工作。见彩图4。

四、水粉表现法

水粉多为不透明的颜色,因此其覆盖力强,画面具有厚重的效果。水粉一般适宜表现厚质地面料,用水稀释后具有明快、柔润的效果,也可以表现薄型面料。在表现时要注意充分体现粉质颜料的厚度感和覆盖力,避免将色彩画脏画腻。水粉画的表现方法主要有以下几种:

(一)水粉平涂法

水粉平涂法是时装画中效果装饰性较强的一种方法。平涂法要求水分适中,调色均匀,涂色平服、细腻、厚实,有绒面感,色块内一般不要求有浓淡、冷暖变化。它是依靠色块、形状和色块之间关系对比来表现形象特征的。

平涂法有勾线和不勾线两种,使用时可根据具体设计而定,其基本步骤如下(彩图5):

(1)用铅笔勾画出人体及服装。

(2)将颜色画在服装上,在适当部位处留出一些纸的空白,使之产生光感和虚实效果。在未被服装掩盖的人体部分着肉色,并画上腮红和阴影。

(3)画出人体和服装的阴影,使之产生立体感。对服装面料做进一步刻画,使之产生更丰富的肌理效果,并完成发型和服饰配件的表现。

(二)水粉厚画法

水粉厚画法要求调色时水分用得少而颜色较厚,画在纸上不宜太干,其画面有笔触明显、浑厚之感。此方法用以表现不同的服装材料质感、体积感,宜表现粗厚的服装面料(彩图6)。

(三)水粉薄画法

水粉薄画法要求调色时水分用得多,颜色较薄,画在纸上笔触之间便于晕开衔接,接近于水彩的方法。但水粉的薄画法不能简单地理解为同水彩画一样,水粉画是带粉质的,不可能达到水彩画那样水分饱和、流畅、透明的效果。

水粉薄画法宜表现棉、化纤、丝绸等面料,通过各种衔接方法的运用,除了表现各种物体的体积、质量、空间等效果外,还可以充分表现对象的外观特征(彩图7)。

五、素描表现法

素描表现法是黑白灰表现方法中的一种,主要是用素描来表现服装的层次关系和面料的质感。铅笔和炭笔的塑造力是很强的,无论是轻重用笔还是大块涂抹、局部勾勒,都有一种流畅、任意挥洒的美感(图4-8)。

六、重彩表现法

重彩表现法是一种工细的画法,其表现手法类似中国画中的工笔画,一般是先勾线,然后着色,线条粗细浓淡变化不大,要求严谨、笔笔到位、画面清晰完整。其着色基本是通过多次渲染来完成,用色夸张,装饰性强。

使用重彩法的主要工具是毛笔、墨、国画颜料、熟宣纸,根据某些效果的需要,也可以打破中国工笔重彩画的局限,适当采用水彩、水粉颜料,同时也可以用水彩纸或绘图纸(彩图8)。重彩画的绘制方法和过程基本上可以分为以下四个阶段:

(1)起稿和勾线。

(2)渲染底色。

(3)罩色。

(4)深入刻画和调整。

七、彩色铅笔表现法

彩色铅笔(包括水溶性彩色铅笔)表现法既运用了素描的艺术规律来表现服装造型和面料质感,又能运用色彩规律来体现服装的色彩。其用笔用色讲究虚实、层次关系,以表现服装的立体效果,使画面的服装造型和面料质感特征更加细腻逼真(彩图9),也可与水彩、水粉、色粉笔等颜色结合使用,产生多种丰富的艺术效果。

八、色粉笔、油画棒表现法

这种方法早在18世纪就在欧洲盛行,在淡淡的或深色的纸底上轻轻涂抹、勾勒,进行松紧有致的描绘,就会出现一种别致的风貌。在画面的处理上更需注意轻重、疏密,而且勾勒的线条需落在关键部位上,涂抹则可以轻松一些,这样便会显得更生动了(彩图10)。但色粉笔、油画棒的细微刻画能力较弱,可与其他工具结合使用。

图 4-8　素描表现法

图 4-9　擦刻法

九、麦克笔表现法

这种表现方法在国外时装设计界极为盛行。麦克笔线条活泼圆润,粗细不一,丰富而有序,有时稚拙、有时优雅,可使时装画另有一番趣味,用以表现休闲类的服装是再适合不过的。在作画时,要对线条的粗细、曲直、聚散心中有数,一气呵成,偶尔也可以穿插一些细芯笔的线条,以使画面更丰富,充满现代艺术气息(彩图11、彩图12)。在表现时要注意把握好线与面的秩序感和节奏感。

十、喷绘表现法

喷绘表现法是运用喷笔或自制牙刷喷制时装画的方法,有时是喷与绘结合的方法。喷绘的效果细腻、均匀,是手绘所不及的。喷绘一般适宜表现较厚重的、绒感的服装效果,例如表现格呢、毛衣等服装,也可以表现透明、轻薄的面料。可以先用水粉色画好底色或条格图案,后用同类色或邻近色进行喷绘,能产生理想的面料质感和服装整体效果(彩图13)。

十一、剪贴表现法

剪贴表现法就是直接用面料、有花纹的画报纸、树叶、花卉、草茎等各种材料,根据设计意图进行剪贴。巧妙地利用花纹和质地进行拼贴,可以创作出许多丰富多彩、奇特新颖的时装画,既省事,效果又好,可达到一些意想不到的效果(彩图14)。

十二、擦刻法

这种方法是先在光滑的白板纸上均匀地涂上墨汁,然后再用橡皮、手术刀或针擦刻出一些生动的特殊效果。白板纸纸质光洁,颜色附着力较差,便于用橡皮或水准确、干净地擦洗出所需要的造型。在用刀或针刻画时,既要用力将纸面刻破,又不要用力过重,以免将画纸刻穿,同时在刻刮时还要注意点、线、面的运用和黑、白、灰三者关系的处理(图4-9)。

第二节 综合表现技法

为了表现一些特殊的服装效果,人们常常将两种或两种以上技法综合使用,这样不仅能表现服装各部分所特有的肌理效果,还能丰富时装画的表现形式和艺术语言。

常用的综合表现法有:

(1)彩色铅笔水彩法(彩图15)。

(2)素描淡彩法(彩图16)。

(3)线描淡彩法(彩图17)。

(4)钢笔水彩法(彩图18)。

(5)油画棒水粉法(彩图19)。

(6)有色纸表现法(图4-10)。

图4-10 有色纸表现法

■ **思考与练习**

1. 黑白灰表现法时装画 1 张。
2. 水彩表现法时装画两张。
3. 水粉表现法时装画两张。
4. 素描表现法时装画 1 张。
5. 重彩表现法时装画 1 张。
6. 彩色铅笔表现法时装画两张。
7. 色粉笔、油画棒表现法时装画两张。
8. 麦克笔表现法时装画 1 张。
9. 喷绘表现法时装画 1 张。
10. 剪贴表现法时装画 1 张。
11. 综合表现法时装画 3 张。

第五章 服装面料的表现

面料是构成服装设计的三大要素之一,时装画不但要能正确地表现服装的款式特点,而且还要反映服装面料的质感。所谓面料的质感,就是指人对面料质地的直接感受。

由于不同的面料质感不同,所以表现手法也各不相同,时装画中表现面料质感的技法有很多。在上一章中所讲的一些表现技法均可以用来表现面料质感。另外,有些手法不仅可以表现一种面料的质感,还能表现几种面料的质感,像素描表现法,它可以表现薄质地面料、厚质地面料、编织面料、毛皮面料、皮革面料等。所以在表现服装的质感时,要根据需要选择最恰当的方法。

服装面料的种类很多,它们有软、硬、厚、薄、光、滑、毛等不同质感,所产生的外观形象也不相同,可以把它们分成五大类进行研究。

第一节 薄型面料的表现

薄型面料大多用于做夏装和礼服,主要分为丝绸类、棉麻类、薄纱织物类等。

一、丝绸织物

丝绸织物品种较多,有双绉、雪纺绸、塔夫绸、薄绸、真丝、重磅蚕丝绸等。虽然它们的外观不尽相同,但总地说来,其色彩较为丰富,既有艳丽的,又有沉着的,且图案精美,光泽度较好,悬垂性较强,手感轻薄、细腻、光滑、柔软,纹理精致,给人以高贵、华丽之感。在描绘双绉、薄绸这些丝绸面料时,服装外形勾线要光滑、流畅、用力均匀,要强调服装的光泽感、轻薄感和飘逸感,用水彩表现法比较合适,也可用素描表现法。

塔夫绸的光泽感也很强,但较硬挺,运动时还沙沙作响,其褶皱较大,明暗对比很强烈,在表现时主要强调色彩和光感。表现缎子时,要通过高光与阴影的对比来体现它们的光亮程度,使服装显得更华贵、雍容。见图 5-1、彩图 20。

二、棉麻织物

棉麻织物主要指薄棉布、棉绸、亚麻布等。这些织物悬垂感较差,有一定张力,容易起皱,有的外轮廓比较硬挺。这类织物有多种组织纹理,面料可以是横纱、直纱或两者兼而有之。表现时,最

图 5-1　用钢笔表现丝绸面料

好画出织物组织纹理,线条要有粗细、转折及虚实变化。棉麻织物较适合水粉表现法(彩图 21)。

三、薄纱织物

薄纱织物有些比较柔软,有些则比较硬挺、有很强的张力。这类面料比较适合做婚礼服、晚礼服、马甲、衬衣、衬裙等服装,根据其薄而透明的特点,可用水彩表现法,要注意描绘出单层、双层及多层面料重叠后出现的透明层次的差异,避免使人感到厚重,要强调其轻薄感(彩图 22)。

第二节　厚质地面料的表现

厚质地面料主要指毛、呢、绒等粗纺面料,根据它们表面肌理的不同,应采用不同的表现手法。常用水粉表现法、色粉笔法、模板拓印法及多种材料综合表现其质感。这些面料外观均较为粗糙,有一定的绒毛感,色泽沉稳,结构清晰,有杂色、混色等丰富的效果。这类面料本身无论肌理还是色彩都非常丰富,较容易表现。

表现较厚重的面料,如毛巾布、粗花呢、灯芯绒等时,不要画得过分粗涩和坚硬,要表现出柔和而厚重的感觉。另外,还应注意利用布的边缘表现织物的厚度(图5-2)。

图 5-2　用铅笔表现厚质地面料

还有一些根据需要而加工缝制成的凸凹不平的绗缝面料,如管状绗缝是用坚固的线缝在夹有柔软的棉花(或人造棉)的双层布上缝制而成的。绗缝线迹可以是直线、交叉线或装饰图案,主要用于外套上。用这种面料制作的服装,其外形是粗犷的,边缘是弧形的。可用线来描绘绗缝的缝线,并可以细致地表现缝线的特征,再轻轻地在每一个凸形的一侧加上阴影和不规则的皱纹,使之产生立体感(图 5-3)。

常用表现厚质地面料的技法有:剪贴法、水粉表现法、铅笔表现法等。见彩图 23、彩图 24。

图 5-3　绗缝的表现

第三节　编织面料服装的表现

编织面料服装是针织服装的一种,其伸缩性大,有弹力。不同的花纹与款式,使各种编织面料服装具有不同的风格。

因编织方式的不同和线的粗细不同,会使编织物表面出现许多花样,有凸凹花样、镂空花样、实心花样等。不同花样又产生不同的花纹,如条纹、波纹、横纹、斜纹、格纹等,这些都是描画编织面料时应注意表现的。

描画编织面料的花纹要注意概括地去表现，不要把花纹刻画得过细，否则会产生生硬的感觉。

编织服装质感的主要表现手法有油画棒画法、色粉笔画法、素描淡彩法，也可采用相应的转印纸图案，转印一定部位、一定面积的针织纹理。油画棒与色粉笔适合表现质地较粗及有花纹的编织面料，如粗纱面料、灯芯绒条纹、格子及编织服装中一些凹凸不平的图案等。

在画粗纱及凹凸不平的编织面料时，可先用油画棒或色粉笔大面积涂画，然后用削尖的油画棒或彩色铅笔刻画细节部分。

油画棒、色粉笔在一个地方重复的次数不宜过多，否则会有太腻的感觉。

用钢笔也可以表现编织物的结构(图 5-4)。

图 5-4　用钢笔表现编织面料

编织面料服装的表现要点：

(1)编织服装的外形一般比较宽松,轮廓圆浑,皱褶较少,人物的动作幅度可大一些,这样对表现编织面料服装的花纹、弹性有利。

(2)在表现编织面料服装时要注意把肩点、胯骨画准,在宽松的服装上把握住形体(图5-5、彩图25)。

图5-5　编织面料的表现

第四节　裘皮服装的表现

裘皮服装是用高级毛皮制作的服装。

裘皮是由羊、兔、狐、獭、貂等动物的皮毛制成的。画裘皮服装要了解它们不同的特点,最好通过实物来培养观察能力,通过写生来锻炼表现能力。

裘皮服装的外形柔软、蓬松,有美丽、自然的花纹和光泽,显得高贵而华丽。它的毛有长、短、厚、薄之分,通常分为四类:小毛佃皮、大毛佃皮、粗毛皮、杂毛皮。画时装画时,并不要求非常准确地画出每一类毛皮的特征,只要能大致反映出这四种毛皮的不同特点就可以了(图5-6、图5-7)。

裘皮服装的表现要点:

(1)要注意边缘的处理,线条不能平均排列。由于毛皮的走向有顺和逆的区别,所以,毛绒的方向不能画颠倒,也不能画得太均齐,过分均齐会使画面显得死板。同时注意表现裘皮的厚度和蓬松感。

(2)注意通过刻画色泽与图案来表现不同毛皮的外观特点。如豹子皮毛短,图案呈圆点形;紫貂毛皮呈紫黑色;黄鼬皮呈棕黄色等。

图5-6　裘皮服装的表现(一)

图 5-7 裘皮服装的表现(二)

第五节　皮革服装的表现

皮革是用牛皮、羊皮、猪皮、鹿皮等动物皮经过去毛、鞣制、染色等工序加工而成,其特点是质地挺爽、柔软,光泽感较强,富有弹性。皮革服装的明暗对比很强,一般凹的地方很暗,凸的地方很亮,画皮革时用明暗色对比的方法更适合。常用铅笔、炭笔和水彩法来表现皮革服装的质感。

表现皮革服装要注意以下几点:

(1)注意把皮革的挺括性表现出来,在服装的转折处有大而明显的衣纹。

(2)皮革的厚度一般为中厚,有弹力,其服装轮廓呈膨起状。

(3)皮革服装的光感较强,要强调其明暗对比,在衣纹凸起处要画得亮,凹下处则要画得很暗,而且明暗之间的中间色较少(图5-8)。

图5-8　皮革服装的表现

第六节　服装图案的表现

图案对服装的外观有较大的影响。时装画应运用适当的方法将服装上的图案表现出来，将图案与服装有机地结合起来，使服装的款式、造型与图案结合得自然、谐调，更具个性特征。下面介绍几种常用的图案画法。

一、条纹的画法

条纹图案主要有横条纹、直条纹和斜条纹三种。在画这些条纹时，一般要在画面上找到条纹的中心，以此中心作为条纹的基准线，然后分别在条纹的左、右画出相等的条纹距离，从上到下也要保持这个距离。见图 5-9。

图 5-9　条纹的表现

二、方格纹的画法

方格纹由横、竖条纹交错组成。首先，按照所需要的尺寸画好方格的轮廓，在交叉的格纹基准线中间，画出完整方格的中间色调，在宽条纹的交叉处用颜色深浅分格，最后，用黑、白、灰的交错来完成方格。见图 5-10。

三、人字格纹的画法

在画人字格纹之前,首先要在纸上练习斜线的节奏,以保证线条的粗细与纹样的间距相一致,然后开始绘画。先画出垂直的基准线,用细头麦克笔或油画棒,在基准线之间开始画斜线,一次一纵列,这些斜纹一排一排地交错。在基准线处笔墨不相接。完成斜线后,要擦掉基准线。见图 5-11。

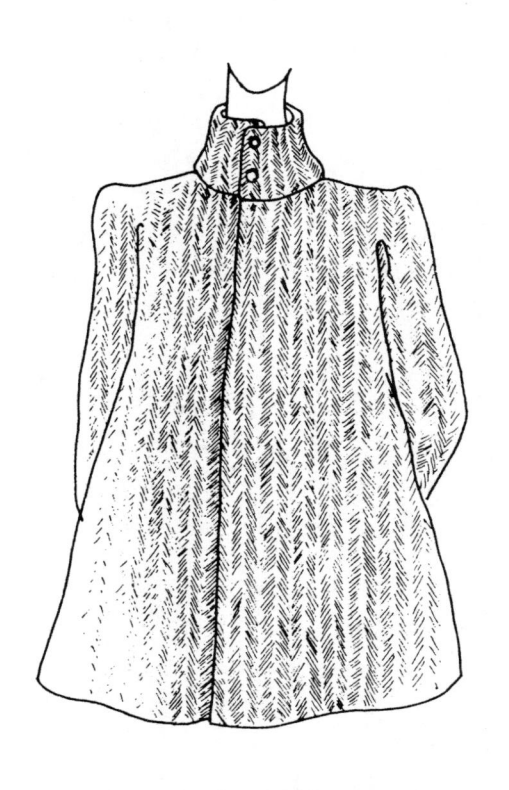

图 5-10　方格纹的表现　　　　　　　图 5-11　人字格纹的表现

四、圆点纹的画法

先轻轻画出一些小方格,小方格必须是直角组成的方块菱形。如果将菱形伸长,小方格就不可能形成圆点纹。在每一小方格的交叉处仔细画一个小圆点,注意它们都是同样大小的,最后擦掉小方格线,使圆点独立形成图案。见图 5-12。

五、花卉纹的画法

用大斜方格的交叉来表明大部分主要的基本花纹的位置,将所有基本纹样的位置安排好后,开始给它们着色。画完基本纹样后,再加上第二层图案,然后画花蕊和叶子,再加上较深的颜色。见图 5-13。

图 5-14 和彩图 26 为服装图案的表现范例。

图 5-12　圆点纹的表现

图 5-13　花卉纹的表现

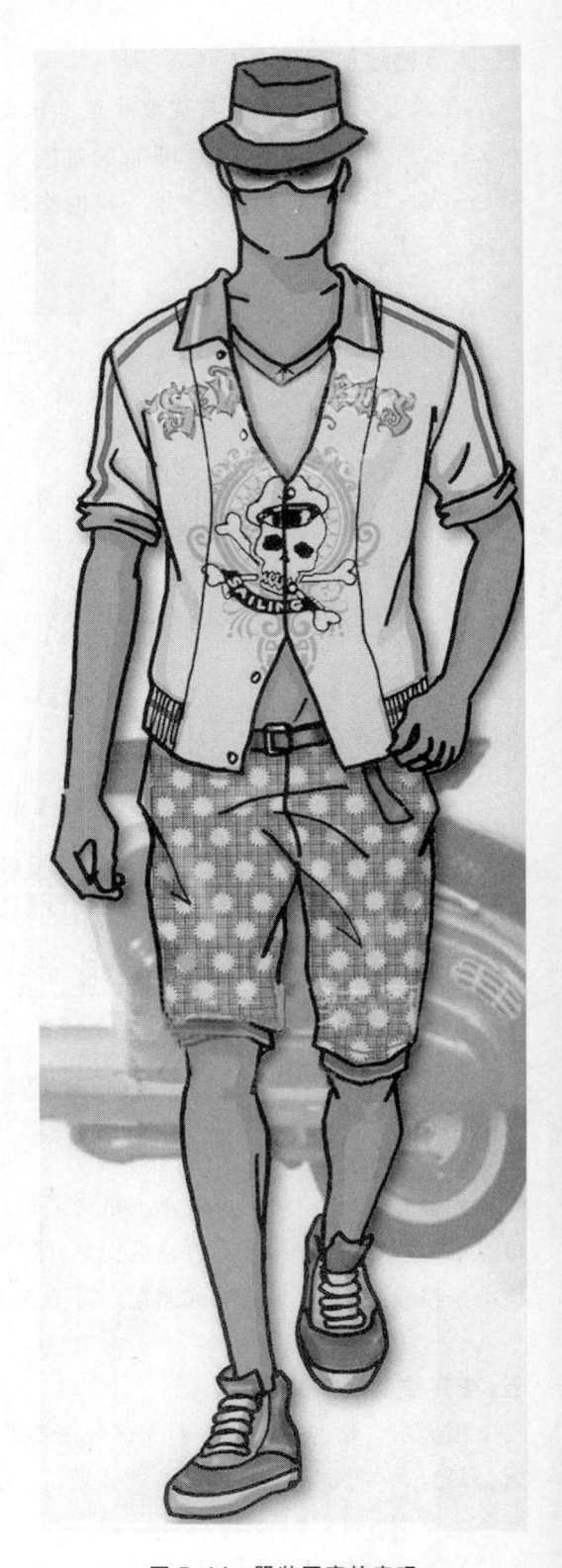

图 5-14　服装图案的表现

■ **思考与练习**

1. 画 3 张表现不同薄质面料的时装画。
2. 画 3 张表现不同厚质面料的时装画。
3. 画 3 张表现不同肌理面料的时装画。
4. 画 3 张表现不同裘皮面料的时装画。
5. 画 1 张表现皮革面料的时装画。
6. 画出各种服装图案共 20 款。

第六章　时装画风格与几种艺术手法

一幅优秀的时装画，除了服装结构应表达准确，色彩、质感、图案表现得当以外，还应当有感人的艺术魅力。这就需要画者在掌握前面所学习内容的基础上，进一步提高对时装画的艺术处理能力。

第一节　时装画风格

所谓"风格"在艺术领域里运用得极为普遍，但却很难有一个固定的解释。在一般情况下，风格往往是指某种倾向、某种意识及由此而产生的较为统一的艺术表现方式，是作者艺术修养、个性、爱好的体现。

一些优秀的时装画家，他们以自己独特的艺术见解、热忱执著的情感及特有的艺术表达形式，形成了鲜明的艺术风格，给人以强大的震撼力。例如，安东尼奥(Antonio)的作品既奔放又严谨；威拉蒙台(Vivamontez)捕捉模特角度非常独到，人物个性鲜明，有很强的现代感；艾禾德(Erté)的时装画深受比亚兹莱(Beardsley)的影响，带有很强的装饰性；艾尔·格拉武(Renè Gruau)是一位去粗存精的大师，他将许多不必要的细节去掉，只留下最富表现力的几笔，他的表现风格是只突出一个主题。如何表现风格？这不是一朝一夕能够实现的，需经过漫长的探索、长期的实践，根据自己的感受、个性、爱好及工具材料的运用，不断总结经验，扬长避短，才能逐步形成适合自己的表现风格。

第二节　几种时装画艺术手法

时装画的风格是通过其艺术手法来体现的。

一、写实表现法

写实表现法是以自然对象为依据的一种艺术表现形式，即对人物的造型、动态、服装款式按一定的规律真实地表现出来。

在用写实法表现时装画时，不宜像照相机似地进行机械模仿，使画作成为客观对象的翻版，而要通过认真分析,对客观事物进行概括、提炼,并可以将人体比例、动态进行夸张、变化,对服装色彩进行归纳处理。另外,还要注意线条的省略与取舍。总之,写实时装画不是原封不动地表现客观对象,而是经过艺术处理的写实应用。

有时为了强调服装某一局部的设计特征,可以除去一些不必要的细节,对主要部分进一步深入刻画、充实、完善,以突出这一特征,但要与画面的整体效果相协调,注意整体与局部的自然衔接及平衡过渡的关系(图6-1)。

图6-1 写实表现法

二、写意表现法

写意表现法是作者对民族、社会、时代、自然的深邃体察之总和。它是一种意识、一种精神,借助于笔墨之意,表达作者的情感、意志和内在气质,重视精神和情感的抒发。

写意表现的时装画和"写意中国画"有很多相似之处,同样强调意在笔先,意到笔未到,做到胸有成竹。也可以意在笔后,胸无成竹,即在表现时先随意地画出一个抽象的形态,再根据这一特殊效果来进行创作。像国画中的泼墨法一样,先产生一种特殊形象,再细心收拾、处理,达到一种变幻莫测的艺术效果。

时装画的写意表现法应着力表现服装内在的神韵和气质,追求画面的节奏、韵律、气势之美,注意用笔的轻重缓急、抑扬顿挫、方圆粗细、干湿浓淡等处理手法,以达到清新、爽快之意趣,产生笔断意连的艺术境界(图6-2)。

三、装饰表现法

装饰表现法给时装画的表现对象赋予新的形式美感,它可以在具象和抽象的广阔领域里自由转换。时装画的装饰手法是按一定的艺术规律来表现服装的韵味,也就是:化繁杂为简洁、化具象为抽象、化立体为平面,使不规则的形体规范化,使抽象的形体具象化,使自然状态下的形体程式化等。这样才能形成独特的艺术语言。

具体表现时,应采取归纳、增减的方法,即首先努力删除繁杂的细节,归纳理顺复杂的形、线、色,将某些局部合并或去掉,削弱非本质的东西,突出形象的本质特征。但为了使主要部分更加突出,可以进行添加修饰,以达到更完美的装饰目的。如在服装的领、胸、袖、腰、衣摆、裙摆等主要部位进行添加,而对其他一些次要部位进行削减,以增强其形象的节奏感和装饰趣味,使之疏密有序,繁简有效(图6-3、彩图27)。

四、省略表现法

省略法含蓄而简洁,具有形象强烈、重点突出的特点,而且能使画面产生笔断意连、令人浮想的意境。运用省略法,一定要在充分掌握了人体结构、表情、基本动态以及质感和图案表现的基础上,才能运用得出神入化,否则,该省的不省,不该省的省去了,就失去了省略的意义。

(1)在画较高雅的服装时,往往省略了面部、手脚甚至腿部,这样可使画面显得柔和、优雅,并可以使观赏者对服装获得更强的印象。

(2)除了面部、腿部外,服装也可以根据需要加以省略,要运用简练的线条或块面进行描绘。

(3)省略了嘴、下巴或头发的一部分,也不会影响画面的感染力,但是不要因为省略而改变各部位之间的相互关系。例如,在画面中省略了下巴,绘画时在颈的上部就必须留下空位,向观赏者暗示出该空着的位置就是原来的下巴,使画面产生笔断意连的艺术效果。

(4)当画中绘有帽子或腰带等表现较强烈的服饰配件时,往往将面部省略,有时亦只绘上几丝头发或耳环作为衬托,以此强调了对服装的表现。

第六章 时装画风格与几种艺术手法 121

图 6-2 写意表现法

图 6-3 装饰表现法

第六章　时装画风格与几种艺术手法　123

图 6-4 为头部的省略表现。

图 6-4　头部的省略表现

图 6-5 为手、脚的省略表现。

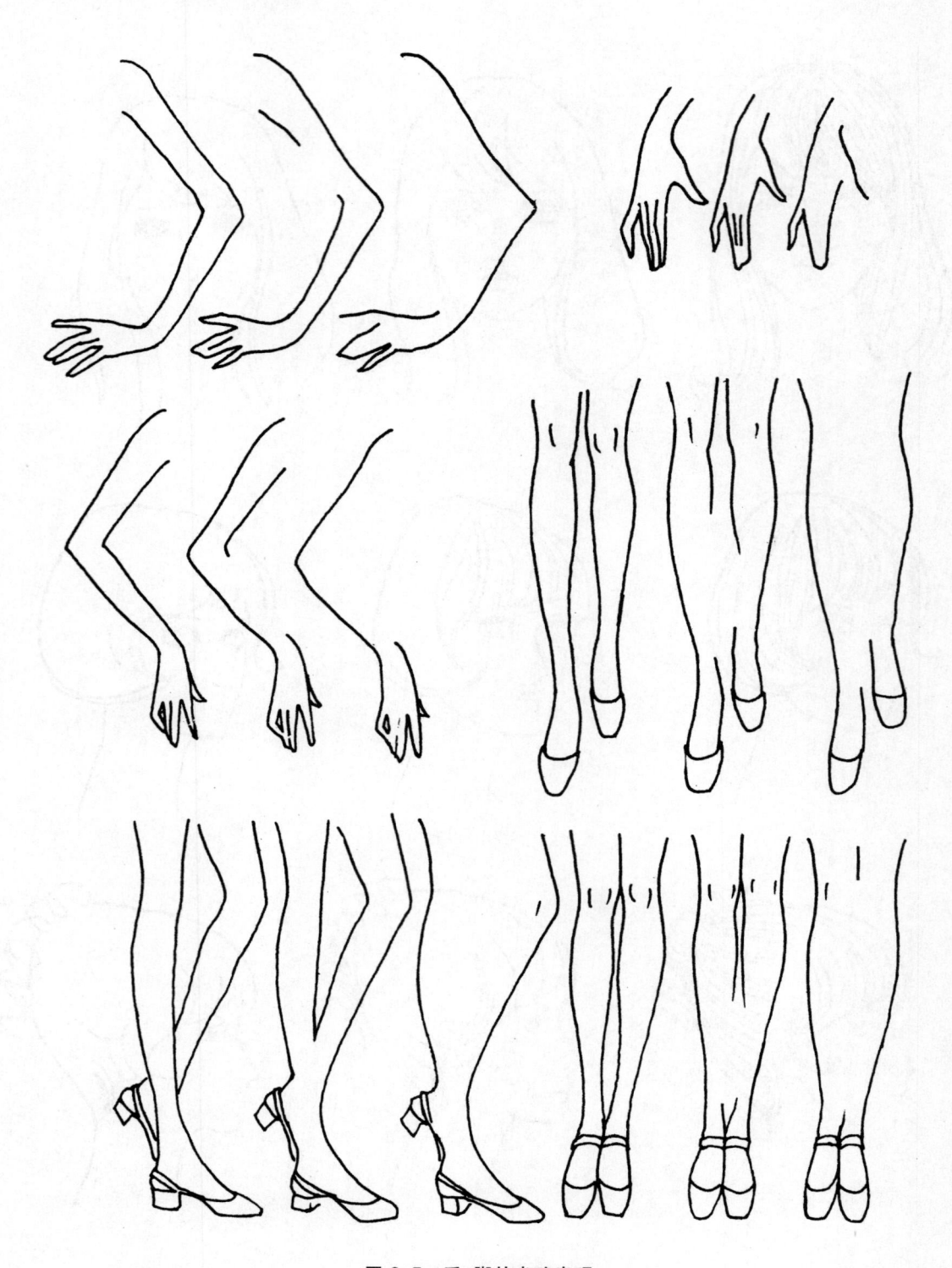

图 6-5 手、脚的省略表现

图 6-6 为衣纹的省略表现。

图 6-6　衣纹的省略表现

图 6-7 是省略法在时装画中的运用范例。

五、夸张表现法

　　夸张这一艺术手法用于时装画时,可使服装的特征更突出、更强烈,从而使画面更鲜明、更富有感染力。

　　省略是通过省略次要部分来突出主要部分,夸张是直接强调主要部分的某一特点来突出主要部分,两者有时可并用。

　　在运用夸张手法绘制时装画时,需要注意的事项有:

　　(1)在运用夸张画法的同时,服装的基本特征与结构要画清楚。

　　(2)夸张画法要注意美感,避免不完美的形象出现在纸面上,因此要求画者应具有较强的艺术表现能力和审美能力。

　　(3)夸张是以现实生活为基础的,要符合情理,避免出

图 6-7　服装的省略表现

现使人感到荒谬的形象。见图6-8、图6-9、彩图28。

图6-8 夸张的表现

图 6-9 变复杂为单纯的时装画

六、时装画的背景处理

背景是指绘画作品中衬托主体的景物。时装画一般不画背景,但如果为了衬托或强调主题,有时也可以画背景(彩图 29)。

服装画背景的描绘应着重处理如下几个方面的关系:

(1)背景与空间感的处理。好的背景能增加画面的空间感。在画背景时要注意背景物体的透视关系,始终应以"近大远小,近高远低"为表现原则。背景的透视要与人物的透视统一。为了增加空间感,背景的色彩种类不宜过多,色彩对比不宜过分强烈,若用单色或两种颜色来画也能起到良好效果。此外,画出人物的背景也能起到增加空间感的作用。

(2)背景与服装特点一致。表现不同服装应采用不同内容的背景,需要根据女装、男装、职业服装的不同特点,配上适合的背景。

(3)背景的描绘不要影响服装的设计重点。为了突出所设计服装的重点,应把背景画在服装的次要部位,减弱背景对服装主要部分的影响。

总之,背景应根据画面的要求而决定画什么、怎么画。不是所有的时装画都要求画出背景。如果不画背景也能很好地表现服装效果,那么就不需要画出背景。在可画可不画的情况下,尽量不画,否则会有画蛇添足之感。

■ 思考与练习

根据本章所介绍的艺术手法,画几种不同风格的时装画。